Dr. Rita Pal
Dr. Anil Kumar Dubey

TEOREMA DO PONTO FIXO EM ESPAÇOS DIFERENTES

Dr. Rita Pal
Dr. Anil Kumar Dubey

TEOREMA DO PONTO FIXO EM ESPAÇOS DIFERENTES

ScienciaScripts

Imprint

Any brand names and product names mentioned in this book are subject to trademark, brand or patent protection and are trademarks or registered trademarks of their respective holders. The use of brand names, product names, common names, trade names, product descriptions etc. even without a particular marking in this work is in no way to be construed to mean that such names may be regarded as unrestricted in respect of trademark and brand protection legislation and could thus be used by anyone.

Cover image: www.ingimage.com

This book is a translation from the original published under ISBN 978-620-7-80538-9.

Publisher:
Sciencia Scripts
is a trademark of
Dodo Books Indian Ocean Ltd. and OmniScriptum S.R.L publishing group

120 High Road, East Finchley, London, N2 9ED, United Kingdom
Str. Armeneasca 28/1, office 1, Chisinau MD-2012, Republic of Moldova, Europe
Printed at: see last page
ISBN: 978-620-7-77882-9

TEOREMA DO PONTO FIXO EM DIFERENTES ESPAÇOS

AGRADECIMENTOS

Escrever este livro foi uma viagem marcada por inúmeras horas de investigação, redação e revisão. Antes de mais, gostaria de expressar a minha profunda gratidão à minha família. Estou também em dívida para com os meus amigos e colegas que me deram feedback crítico, encorajamento e camaradagem ao longo desta jornada. O vosso apoio foi uma tábua de salvação.

Tenho uma grande dívida para com os inúmeros académicos e escritores cujas obras informaram e inspiraram as minhas. As vossas contribuições para este campo têm sido uma fonte rica de conhecimento e inspiração.

Por último, gostaria de agradecer aos meus leitores. O vosso interesse e empenho dão vida a estas páginas. Foi para vós que este livro foi escrito e espero que vos traga tanta alegria e esclarecimento como trouxe a mim na sua criação.

ÍNDICE DE CONTEÚDOS

RESUMO

A teoria do ponto fixo é um domínio matemático que tem uma vasta gama de aplicações em muitos domínios da matemática. Numa vasta gama de problemas matemáticos, computacionais e de engenharia, a existência de uma solução para um problema teórico ou do mundo real é equivalente à existência de um ponto fixo para um mapa ou operador adequado. Os pontos fixos têm, por isso, uma importância notável em muitos domínios da matemática, das ciências e da engenharia. O teorema do ponto fixo de Brouwer e o princípio de contração de Banach são, sem dúvida, os teoremas do ponto fixo mais importantes e aplicáveis. O teorema do ponto fixo é uma ferramenta fundamental na análise não linear e em muitos outros ramos da matemática moderna. O teorema do ponto fixo tem sido aplicado para mostrar a existência e a unicidade da solução de equações diferenciais, equações integrais e muitos outros problemas de engenharia. O teorema do ponto fixo mais básico e mais conhecido é o teorema do ponto fixo de Banach, que foi introduzido em 1922. A teoria do ponto fixo ocupa-se de uma forma matemática muito simples e básica. Um ponto é frequentemente designado por ponto fixo quando permanece invariante, independentemente do tipo de transformação que sofre. Seja (X, d) um espaço métrico e uma função auto-transformadora $T: X \rightarrow X$ definida no conjunto $X \neq \phi$ e um ponto $x \in X$ é chamado ponto fixo de T se x for transformado em si mesmo, isto é, $T(x) = x$.

Princípio de Contração de Banach : Em 1922, Banach provou o seguinte teorema famoso do ponto fixo: Suponha que (X, d) é um espaço métrico completo e um auto-mapa T de X , $T : X \rightarrow X$ satisfaz $d(Tx, Ty) \leq \lambda\, d(x, y)$ para todo $x, y \in X$ onde $\lambda \in [0, 1)$; T é um mapeamento de contração, Se $\{x_n\}$ for uma sequência em X tal que $x = T x_n{}^n{}_0$. Então T tem um ponto fixo único.

Os teoremas do ponto fixo são importantes, tanto do ponto de vista académico como do ponto de vista das aplicações. Os teoremas do ponto fixo são utilizados há muito tempo em análise para resolver vários tipos de equações integrais e diferenciais.

Num espaço métrico completo, a teoria começou com o Princípio de Contração de Banach, que é o princípio fundamental do mapeamento de contração. O Princípio de Contração de Banach resolveu a maioria dos problemas matemáticos. Muitas generalizações surgiram facilmente ao enfraquecer a natureza contractiva do mapa. A teoria dos pontos fixos de Banach, também conhecida como princípio de contração, é uma ferramenta importante na teoria dos espaços métricos. O estudo dos pontos fixos comuns de mapas que satisfazem certas condições de contração tem estado no centro de uma atividade de investigação vigorosa, tendo muitas aplicações em diferentes domínios, como as equações diferenciais, a teoria dos jogos, a teoria dos operadores, a informática e a economia, etc. O teorema do ponto fixo foi generalizado várias vezes em várias classes de espaços topológicos e espaços de Banach.

Nesta tese, foram discutidos vários resultados de pontos fixos em vários espaços, tais como espaços métricos cónicos, espaços b-métricos de valor complexo, espaços métricos TVS-Cone, espaços métricos modulares, espaços métricos digitais e para vários tipos de mapas de contração e expansão, e muitos resultados existentes foram generalizados. No presente trabalho, tentámos relaxar e substituir algumas das condições acima mencionadas por outras mais naturais. No presente trabalho, foi feita uma tentativa de generalizar e melhorar o resultado propagado pelos matemáticos deste domínio.

LISTA DE SÍMBOLOS E ABREVIATURAS

N	Set of natural numbers
R	Set of real numbers
X	Family of nonempty subsets of X
CB(X)	Family of nonempty closed and bounded subsets of X
K(X)	Family of nonempty compact and convex subsets of X
$x_n \to x$	x_n converges to x
∂K	Boundary of K
F (T, S)	Set of common fixed points of T and S
U = V, U ≠ V	Equality and Inequality for sets
f(u) or fu	Image of u under f
iff	if and only if
sup	Supremum (or least upper bound)
inf	Infimum (or greatest lower bound)
$\lim u_n = u$	Limit of a sequence u_n
max	Maximum
min	Minimum
$\to$	Implication
$\Leftrightarrow$	Logical equivalence

$I = I_A$	Identity mapping
$\in$	Belonging to or belong to
φ	Empty set
$d(u, v)$	Distance from one point to another
sup	Supremum (or least upper bound)
inf	Infimum (or greatest lower bound)
$[u,v],[u,v)$ etc.	Intervals on the real line

CAPÍTULO - 1

INTRODUÇÃO

1.1 Introdução ao ponto fixo

A teoria do ponto fixo é uma ferramenta poderosa na matemática moderna para resolver problemas decorrentes de equações diferenciais e integrais. A existência de um ponto fixo e as suas várias propriedades são discutidas nos teoremas do ponto fixo. A teoria está profundamente preocupada com o resultado de que um auto-mapa f num conjunto X tem um ou mais pontos fixos sob certas condições. Em matemática, surgem frequentemente situações em que as soluções de um sistema de equações não podem ser encontradas de uma forma explícita e conveniente. Naturalmente, surgem algumas questões gerais, nomeadamente: "O sistema de equações dado tem solução?", "Quantas soluções diferentes existem para o sistema de equações dado?" Estas perguntas, depois de respondidas, são seguidas de uma nova pergunta: "Se a solução existe, qual é a solução exacta ou aproximada do sistema de equações dado?" Isto leva à origem da teoria dos pontos fixos. O problema de resolver o sistema de equações pode ser reduzido ao problema de calcular os pontos fixos ou pontos fixos comuns de auto-mapeamento(s) definidos num espaço X apropriado.

A teoria do ponto fixo é um tema interdisciplinar que pode ser aplicado em várias disciplinas da matemática e das ciências matemáticas, como a teoria dos operadores, a economia matemática, a teoria da aproximação e as desigualdades variacionais. Os teoremas do ponto fixo mais significativos e altamente aplicados são o teorema do ponto fixo de Brouwer e o princípio de contração de Banach. Os teoremas do ponto fixo são importantes, tanto do ponto de vista académico como do ponto de vista das aplicações. Os teoremas do ponto fixo são utilizados há muito tempo em análise para resolver vários tipos de equações integrais e diferenciais. Também tentamos encontrar as suas aplicações na teoria das equações aleatórias, no problema min-max em otimização, na teoria dos jogos e na teoria do controlo. Em muitos casos, não é possível encontrar a solução exacta; em consequência, devem ser desenvolvidos algoritmos adequados para estimar o resultado necessário. Os desafios de controlo e otimização que surgem em várias ciências e problemas de engenharia estão fortemente ligados à teoria do ponto fixo.

1.1.1   Ponto fixo

Seja (X, d) um espaço métrico com uma função de auto-mapeamento $T: X \to X$ definida num conjunto não vazio X e um ponto $x \in X$ é chamado ponto fixo de X se $T(x) = x$.

Exemplos:

i.   Uma função $T: X \to X$ é definida por $T(x) = \frac{x}{2}$ e tem um ponto fixo único, em que 0 é o único ponto fixo. Examinemos a nossa função $T: X \to X$ definida por $T(x) = \frac{x}{2}$ num espaço de Banach. Então, para todos os $x, y \in X$

$\| \frac{x}{2} - \frac{y}{2} \| = \frac{1}{2} \| x - y \|$, Aqui $k = \frac{1}{2}$ que satisfaz a condição $0 \leq k < 1$. Portanto, de acordo com o teorema do ponto fixo de Banach, T tem um ponto fixo único no espaço de Banach X que é 0.

ii.   Uma função $T: R \to R$ é definida por $T(x) = \frac{(x^2 + 8)}{6}$, então $x = 2$ e $x = 4$ são os pontos fixos de T.

iii.   A transformação $T: R^2 \to R^2$ definida como $T(x, y) = x$ tem um número infinito de pontos fixos. Consequentemente, as posições do eixo x são todas fixas.

1.1.2 Classificação da teoria do ponto fixo:

Jules Henri Poincare, o pai da teoria do ponto fixo e um conhecido investigador em física e matemática, foi um matemático e físico francês. Em 1886, começou a trabalhar neste domínio. Na teoria do ponto fixo, a análise, a geometria e a topologia estão indissociavelmente ligadas. Esta teoria é utilizada em domínios como a teoria da aproximação, a teoria dos jogos, a teoria da otimização e as desigualdades variacionais. Os avanços do software informático deram uma nova dimensão à teoria do ponto fixo. Existem três categorias principais de teoria do ponto fixo, que são enumeradas a seguir.

- Teorema do ponto fixo de Brouwer

- Teorema do ponto fixo de Banach

- Teorema do ponto fixo de Tarski

A teoria do ponto fixo é classificada nas três formas seguintes com base nos teoremas acima mencionados.

a) **Teoria topológica do ponto fixo:** O teorema do ponto fixo de Brouwer foi a inspiração para a abordagem do ponto fixo topológico. O teorema do ponto fixo de Brouwer é um teorema de topologia algébrica enunciado e provado pela primeira vez em 1912 pelo matemático holandês L.E.J. Brouwer. Brouwer inspirou-se no trabalho do matemático francês Henri Poincare, que investigou o comportamento de funções contínuas (ver continuidade) ao projetar uma esfera de raio unitário no espaço euclidiano n-dimensional. Uma função é contínua neste contexto se mapear pontos próximos para pontos próximos. O teorema do ponto fixo de Brouwer afirma que, para qualquer função f, existe pelo menos um ponto x em que $f(x) = x$, ou em que a função f mapeia x para si própria. O ponto fixo da função é um destes pontos. Toda a transformação contínua da esfera unitária de R^n para si mesma tem um ponto fixo. Mais tarde, provou o teorema do ponto fixo para um quadrado, um círculo, uma esfera, um cubo e outros objectos geométricos. J. Schauder propôs uma generalização importante de

Teorema de Brouwer em 1930. A descoberta do ponto fixo de Brouwer foi alargada por Kakutani.

b) **Teoria do Ponto Fixo da Teoria da Ordem:** A técnica do ponto fixo discreto desenvolveu-se a partir da descoberta do Teorema do Ponto Fixo de Tarski em 1955. Um
é qualquer função monotónica não decrescente de [a, b]. O teorema de Tarski afirma que, como resultado, se a função f [a, b] $\rightarrow$ [a, b] é uma função monotónica não decrescente, podemos afirmar que f tem um ponto fixo.

c) **Teoria do ponto fixo métrico:** A técnica do ponto fixo métrico teve origem na descoberta do teorema do ponto fixo de Banach. Na teoria do ponto fixo, o princípio de contração de Banach foi considerado a consequência mais fundamental. Este conceito foi estabelecido em 1922 por Banach, um matemático polaco, e garante a existência e unicidade de um ponto fixo para um auto-mapeamento que satisfaça determinados critérios. A prova da iteração de Picard num espaço métrico completo é bem conhecida pela sua elegância e simplicidade.

1.2. Fundamento do trabalho de investigação: Alguns resultados da métrica fixa
teoria dos pontos

Há muitos anos que muitas componentes da análise funcional não linear dependem da teoria do ponto fixo para as transformações não expansivas e afins. Historicamente, a teoria tem envolvido o entrelaçamento de considerações geométricas e topológicas no espaço de Banach. Dado que a teoria é basicamente métrica, uma tendência recente tem sido a de explorar aplicações em circunstâncias em que a estrutura linear algébrica subjacente de um espaço de Banach não está presente. Analisaremos agora alguns resultados e aplicações recentes da teoria do ponto fixo métrico:

Teorema de Convergência de Picard

Em 1890, Picard provou o seguinte teorema para mostrar que as equações não lineares têm soluções.

Teorema 1.2.1 Seja $W : [a, b] \rightarrow R$ seja uma função contínua e $W : (a, b) \rightarrow R$ seja diferenciável. Se para todo $x \in (a, b)$, existe $exists\ k < 1$ tal que $|W'(x)| \leq k$, então a sequência $\{x_n\}\ in\ (a, b)$ definida por

$$x_{n+1} = W\ x_n$$

converge para uma solução da equação $Wx = x$ para todo n $\geq$ 0. A sequência iterativa $\{x_n\}$ é conhecida como a sequência iterativa de Picard.

Teorema do ponto fixo de Banach

Em 1922, Banach provou o "Teorema do ponto fixo de Banach", o princípio de contração de Banach é importante porque é essencial para determinar a existência de soluções para equações diferenciais, equações integrais, equações matriciais e equações funcionais derivadas da modelação matemática de problemas do mundo real.

Teorema 1.2.2. Sejam $(X,\ d)$ um espaço métrico completo e $T: X \rightarrow X$ seja uma transformação contractiva, isto é, existe $k \in [0,\ 1)$ tal que

$$d(T\ x, T\ y) \leq k\ d(x, y)$$

para todos $x, y \in X$. Então T tem um ponto fixo único $z \in X$ e para cada $x_0 \in X$, $\{x_n\}$ definido por $x_{n+1} = Tx_n$ para cada n $\geq$ 0 converge para o ponto fixo z de T, ou seja, $Tz = z$.

Além disso, o teorema do ponto fixo de Banach tornou-se uma técnica muito importante na resolução de dificuldades de existência em muitas disciplinas da análise matemática devido à sua simplicidade, praticidade e utilidade. As questões seguintes da teoria do ponto fixo são discutidas entre os investigadores de forma interessante.

(i) É possível generalizar a contração de Banach?

(ii) Como é que o teorema do ponto fixo de Banach em espaços métricos pode ser aplicado a um grupo maior de espaços?

(iii) Como é que o teorema do ponto fixo monovalorado de Banach pode ser alargado a transformações multivaloradas?

(iv) Que provas tem de que duas trajectórias não lineares têm os mesmos pontos fixos?

(v) Quais são alguns métodos para melhorar o teorema do ponto fixo de Banach?

(vi) É possível generalizar a sequência iterativa de Picard?

Em 1930, J. Schauder descobriu uma generalização significativa do teorema de Brouwer. S. Banach, por outro lado, ofereceu um quadro abstrato para aplicações que ultrapassam largamente o âmbito das equações diferenciais e integrais básicas, e nas quais a completude métrica desempenha um papel crucial. O trabalho pioneiro de Browder deu um novo impulso ao desenvolvimento da análise não linear, que é uma disciplina ativa e vigorosa da matemática, em meados da década de 1960. Os teoremas do ponto fixo têm algumas aplicações na economia teórica, segundo Kakutani. A quantidade de pesquisa e investigação sobre a teoria do ponto fixo aumentou dramaticamente na década de 1970. Vários autores, entre os quais Caristi, Chatterjea, Reich e Sehgal, utilizaram mapas contractivos mais generalizados para provar o teorema do ponto fixo. Sesa S. foi pioneiro no conceito de compatibilidade, e G. Jungck foi pioneiro no conceito de computação fraca. Podemos facilmente verificar se os mapas comutadores são compatíveis, mas não podemos fazer o mesmo para os mapas comutadores. A teoria do ponto fixo é aplicada numa variedade de domínios de investigação quantitativa. Por conseguinte, é lógico investigar numerosas generalizações do espaço métrico para responder a necessidades em diversos domínios da ciência quantitativa. Vários autores generalizaram e desenvolveram o conhecido teorema do ponto fixo de Banach de várias formas. Huang e Zhang desenvolveram a ideia de um espaço métrico cónico em 2007. Em seguida, Abbas e

Jungck Abbas e Rhoades e outros trabalharam nos teoremas do ponto fixo de Huang e Zhang em espaços métricos cónicos (Abbas et al., 2009).

Du introduziu o conceito de espaços métricos TVS-Cone, uma versão melhorada dos espaços métricos cónicos. Nos espaços métricos TVS-Cone, muitos autores generalizaram e provaram os resultados do ponto fixo (Azam et al., 2009; Kumar et al.,2017).

1.2 Vários tipos de espaços métricos

Seguem-se alguns espaços diferentes que foram utilizados no meu trabalho de investigação.

1.3.1. Espaço métrico TVS-Cone

Alguns resultados comuns de pontos fixos da distância c. Os espaços métricos, que são mais expansivos do que os espaços métricos, foram apresentados pela primeira vez por (Huang et al., 2011). Utilizando a distância c num espaço métrico cónico, Wang e Guo demonstraram conclusões comuns de pontos fixos. Também desenvolveram o conceito de mapeamento de contração de Banach neste domínio. Desde então, vários académicos têm trabalhado em teoremas de ponto fixo em espaços métricos cónicos (Abbas et al., 2009; Azam et al., 2009; Du et al., 2010; Fadail et al., 2012). Os espaços métricos TVS-Cone são uma versão mais avançada e alargada dos espaços métricos cónicos de Huang e Zhang produzida por Du (Huang et al., 2007).

Definição 1.3.2. Seja M um conjunto não vazio e (E, P) um espaço vetorial topológico ordenado. Uma função vetorial $d: X \times X \to E$ *diz-se que é* uma métrica TVS-Cone, se as seguintes condições se verificarem:

$(1)\, \theta \preccurlyeq d(x,y) \; \forall\, x,y \in M \; and \; d(x,y) = \theta \iff x = y$

$(2)\, d(x,y) = d(y,x) \; \forall\, x,y \in X;$

$(3)\, d(x,z) \preccurlyeq d(x,y) + d(y,z) \; \forall\, x,y,z \in M.$

Nesse caso, o par (X, d) é chamado um espaço métrico TVS-Cone.

1.3.3. Espaço **métrico cónico**

O princípio de contração de Banach é essencial porque é um requisito para determinar a presença de soluções para equações diferenciais, equações integrais, equações matriciais e equações funcionais resultantes da modelização matemática de questões do mundo real. Os teóricos do ponto fixo melhoraram tanto o espaço subjacente como a condição contractiva (tipo explícito) utilizada por Banach, recorrendo a estruturas como a estrutura métrica de ordem, a estrutura métrica gráfica, a estrutura de mapeamento multivalorado, as funções de comparação e as funções auxiliares. Huang e Zhang generalizaram o teorema do ponto fixo de Banach introduzindo a estrutura do cone métrico e criando um critério de convergência para sequências num espaço cone métrico substituindo números reais por um espaço de Banach ordenado. Huang e Zhang foram os primeiros a introduzir o espaço métrico cónico. Huang e Zhang utilizaram a noção de cone normal para chegar às suas conclusões; no entanto, Rezapour e Hamlbarani rejeitaram este conceito na parte de

As conclusões de Huang (Huang et al., 2007). Muitos autores investigaram teoremas de ponto fixo e teoremas de ponto fixo comum de auto-mapeamentos para cones normais e não-normais em espaços métricos de cones. Apesar disso, continuaram a concentrar-se nas conclusões obtidas com cones meramente normais. O Princípio de Contração de Banach no Ambiente Normal é uma das conclusões importantes no espaço de um cone.

As descobertas centraram-se principalmente em pontos fixos de uma ou duas auto-formações do espaço cónico, com as limitações contratuais habituais associadas à criação de espaços métricos ordinários (Kannan, Zamfirescu, Jungck, Rhoades, ...).

Definição 1.3.4. (Huang et al., 2007) Seja M um conjunto não vazio. Suponha-se que o mapeamento $d: M \times M \to E$ satisfaz:

(i)   If $\theta \preccurlyeq d(x,y)$ $\forall x, y \in M$ and $d(x,y) = \theta \Leftrightarrow x = y$;

(ii) $d(x,y) = d(y,x)$ $\forall x, y \in M$;

(iii) $d(x,y) \leqslant d(x,z) + d(y,z) \;\; \forall x,y,z \in M.$

Então d é chamado um cone métrico em X e *(X, d)* é chamado um espaço cone métrico.

1.3.5. Espaço métrico de valor complexo

O espaço métrico de valor complexo, que (Azam et al.,2011) apresentaram, é um novo espaço mais inclusivo do que o conhecido espaço métrico. Para um par de mapeamentos que satisfazem uma declaração lógica para a condição de contração, provaram várias conclusões de ponto fixo. O princípio de contração de Banach, que não poderia ter qualquer relevância em espaços métricos cónicos, foi melhorado no contexto de um espaço métrico de valor complexo que incorpora a desigualdade racional por (Azam et al., 2011). Vários autores debruçaram-se sobre vários teoremas comuns de pontos fixos em espaços métricos de valor complexo. Os espaços métricos de valor complexo são uma noção que Rao sugeriu (Rao et al., 2013). Em espaços métricos de valor complexo, A.A. Mukheimer provou alguns teoremas de ponto fixo bem conhecidos. Neste trabalho, continuamos o estudo de teoremas de ponto fixo em espaços métricos de valor complexo.

Definição 1.3.6. (Azam et al. ,2011) Seja X um conjunto não vazio e uma função d: X $\times$X $\rightarrow$ C é chamada uma métrica de valor complexo em X se para todo x, y, z $\in$ X as seguintes condições são satisfeitas:

1. $0 \precsim d(x,y)$ and $d(x,y) = 0$ if and only if $x = y$;

2. $d(x,y) = d(y,x);$ $\forall x,y \in X$;

3. $d(x,y) \precsim d(x,z) + d(z,y).$

Nesse caso (X, d) é chamado um espaço métrico de valor complexo.

1.3.7. Espaços b-métricos de valor complexo.

Ao substituir as constantes de condição contractivas por funções de controlo, (Rao et al., 2013) estabeleceram conclusões semelhantes sobre pontos fixos e propuseram a ideia de espaços b-métricos de valor complexo, que era mais completa do que os conhecidos espaços métricos de valor complexo propostos por (Azam et al., 2011; Sintunavarat et al., 2011). Os espaços b-métricos de valor complexo, uma ideia mais alargada do que os espaços métricos de valor complexo anteriormente mencionados, foram desenvolvidos por (Rao et al., 2013). Vários teoremas de pontos fixos comuns de duas auto-mapeamentos que satisfazem uma desigualdade racional foram estabelecidos em espaços b-métricos de valor complexo (Mukheimer et al.;2014).

Definição 1.3.8. Seja X um conjunto não vazio e seja $s \geq 1$ um dado número real. Uma função d: $X \times X \to C$ é chamada uma b-métrica de valor complexo em X se para todo $x, y, z \in X$ as seguintes condições são satisfeitas:

(i) $0 \precsim d(x, y)$ and $d(x, y) = 0$ if and only if $x = y$;

(ii) $d(x, y) = d(y, x)$; $\forall x, y \in X$;

(iii) $d(x, y) \precsim s[d(x, z) + d(z, y)]$.

Nesse caso (X, d) é chamado um espaço b-métrico de valor complexo.

1.3.9. Métrica modular

Vyacheslav Chsityakov desenvolveu espaços métricos modulares com uma interpretação física através do módulo F- em 2008. Estabeleceu também a noção de espaços métricos modulares (Chistyakov et al., 2008; Chistyakov et al., 2010). Por outro lado, podemos ter a certeza de que Abdou e Khamsi foram os primeiros a apresentar a teoria dos espaços métricos modulares. O teorema do ponto fixo é estabelecido na teoria dos espaços métricos modulares usando a teoria modular de Chistyakov e os espaços métricos modulares, Abdou e Khamsi também estabeleceram o conceito de teoria do ponto fixo em espaços métricos modulares.

Definição 1.3.10 (Khamsi et al.,1996; Abdou et al.,2014). Seja X um espaço linear sobre R. Se uma função M: $X \to [0, \infty]$ satisfaz as seguintes condições, então M é chamada de modular sobre um espaço vetorial X.

I. $M(0) = 0 \Leftrightarrow x = 0$

II. $M(ax) = M(x)$ for every $a \in R$ with $|a| = 1$

III. $M(ax + by) \leq M(x) + M(y)$ if $a, b \geq 0$, $a + b = 1$

Se, em vez da propriedade (III), a propriedade (IV) for respeitada, diz-se que M é convexo.

IV. $M(ax + by) \leq aM(x) + b\,M(y)$ if $a, b \geq 0$, $a + b = 1$

Assim, o espaço modular X_m está definido, de tal modo que M é um modular em X:

$$X_m = \{\, x \in X : M\,(ax) \to 0 \text{ como } a \to 0 \}$$

Sejam $\{x_n\}$, $n \in N$ seja uma sequência em X_m e pertence a X_m. Se $\lim_{n \to \infty} W_\lambda\,(\,x_n - x) = 0$ então $\{x_n\}$ converge para x. Aqui m diz-se que satisfaz as Δ_2 - condições se existir $k \neq 0$ tal que $m(2x) \leq k\,m(x)$ para um $y \in X_m$, m diz-se que satisfaz a propriedade de Fatou (FP) se $m(x - y) \leq \lim_{n \to \infty} m(\,x_n - y)$

As condições contractivas das transformações garantem que algumas iterações parecem ser de Cauchy e que o ponto fixo é único, respetivamente

1.4 ORGANIZAÇÃO :

O presente trabalho tem como objetivo cumprir os objectivos mencionados na secção 1.5. Os capítulos da tese foram divididos em dez capítulos e cada capítulo foi dividido em várias secções que foram numeradas por ordem de aparecimento na tese. Cada capítulo começa com uma breve introdução ao seu conteúdo.

A tese foi apresentada em dez capítulos principais.

Capítulo - 1 Introdução

Este capítulo apresenta uma breve introdução ao enunciado do problema, aos fundamentos do trabalho de investigação, à metodologia proposta, a alguns resultados recentes de diferentes investigadores e a resultados importantes obtidos para motivar o estudo. A finalidade e o significado do estudo são indicados e os objectivos também foram mencionados.

Capítulo - 2 Revisão da literatura

Este capítulo tem como objetivo dar uma visão abrangente dos trabalhos de investigação actuais realizados por investigadores anteriores na área selecionada, bem como nas áreas conexas, e explicar os fundamentos do estudo para justificar de que forma o presente trabalho de investigação acrescenta, contradiz ou aumenta os conhecimentos existentes.

Capítulo - 3 Resultados comuns de ponto fixo em espaços métricos TVS-Cone

Este capítulo trata de algumas condições contractivas do tipo TF para teoremas de ponto fixo em espaços métricos completos e também inclui alguns resultados comuns de ponto fixo para a distância c em espaços métricos TVS-Cone. Ao substituir as constantes nas condições contractivas por funções, este capítulo generaliza alguns resultados comuns de ponto fixo para a distância c em espaços métricos TVS-Cone.

Capítulo - 4 Conceito de distância c em espaços métricos cónicos

Este capítulo inclui o conceito de distância C em espaços métricos cónicos com cones sólidos e a existência e unicidade do ponto fixo para o mapeamento de contração T. A existência e unicidade do ponto fixo para o mapeamento de contração T em espaços métricos cónicos com cones sólidos são estabelecidas. Os resultados obtidos alargam os resultados comparáveis bem conhecidos na literatura.

Capítulo - 5 Teoremas comuns do ponto fixo em C - valor complexo completo
espaço métrico

Este capítulo descreveu o conceito de teoremas de ponto fixo com dois pares de transformações fracamente compatíveis no espaço métrico de valor complexo C. Alguns pontos fixos comuns
no contexto de um espaço métrico de valor C-complexo envolvendo dois pares de transformações fracamente compatíveis que satisfazem a desigualdade racional.

Capítulo - 6 Espaço métrico modular e teorema do ponto fixo

Este Capítulo inclui a teoria modular e os teoremas de ponto fixo em espaços métricos modulares da teoria de Chistyakov e também apresenta o mapeamento de contração de Reich em espaços métricos modulares. A teoria modular de Chistyakov é usada para dar uma breve introdução aos espaços métricos modulares, bem como alguns teoremas de ponto fixo. Em seguida, são discutidos alguns novos conceitos relacionados com a existência de pontos fixos do mapeamento de contração de Reich em espaços métricos modulares.

Capítulo - 7 Espaço métrico b de valor complexo e teorema do ponto fixo

Neste capítulo descrevem-se a generalização e a extensão de alguns teoremas comuns de ponto fixo em espaços b-métricos de valor complexo. O objetivo deste capítulo é considerar e estabelecer resultados sobre a configuração de espaços b-métricos de valor complexo, no que respeita a

pontos fixos comuns de duas transformações, utilizando contracções racionais com funções de controlo.

Capítulo - 8 Conclusões e perspectivas futuras

Este capítulo inclui o resumo de todo o estudo e as conclusões que foram tiradas com base nele. Consiste em alguns resultados de pontos fixos em vários espaços, incluindo espaços métricos cónicos, b-métricos de valor complexo, espaços métricos TVS-Cone, espaços métricos modulares e espaços métricos digitais. A tese termina com uma bibliografia das várias publicações citadas neste projeto de investigação. Finalmente, são feitas algumas observações finais e sugestões para estudos futuros. No final, são feitas recomendações para futuros investigadores que venham a trabalhar na mesma área para um maior enriquecimento .

CAPÍTULO - 2

REVISÃO DA LITERATURA

Tanto em situações determinísticas como em situações estocásticas difusas, a teoria do ponto fixo tornou-se um tema de estudo científico. O teorema do ponto fixo de Banach, estabelecido em 1922, é o teorema do ponto fixo mais básico e conhecido (Banach, 1922). Segue-se um breve resumo do trabalho que já foi feito neste domínio. Atribui-se a H. Poincare (1845-1912), um famoso matemático francês, a ideia de utilizar resultados de ponto fixo para provar teoremas em análise, que foi desenvolvida no trabalho de D. Brikhoff (1913). Brikhoff e Kelloge provaram um teorema do ponto fixo num espaço de dimensão infinita utilizando a compacidade em 1922. O estudo da teoria dos pontos fixos começou em 1912 com o teorema de Brouwer, atualmente conhecido como teorema do ponto fixo de Browder, e é considerado a primeira descoberta sobre o assunto (a prova utiliza o teorema do valor médio). Este é um teorema bem conhecido e essencial sobre pontos fixos topológicos. Este teorema tem uma vasta gama de aplicações em análise, equações diferenciais e na prova geral dos chamados teoremas de existência para uma vasta gama de equações. J. Schauder generalizou esta conclusão num espaço separável, inicialmente em 1927, e posteriormente num espaço arbitrário, em 1930. Depois disso, muitos académicos extrapolaram as conclusões de outras formas. O teorema de Fan-Glicksberg para mapas de valor fixo é uma dessas generalizações e é particularmente importante na teoria do controlo de numerosos sistemas em engenharia e economia. O termo "Teorema do Ponto Fixo" é um termo com que nos deparamos frequentemente. Um teorema do ponto fixo é uma afirmação que argumenta que um mapeamento T de X sobre si mesmo admite um ou mais pontos fixos sob condições específicas. Historicamente, o primeiro teorema deste tipo é o famoso teorema de Brouwer que envolve um espaço X, que é um subconjunto topologicamente simples de R^n , e uma transformação contínua de X em si próprio.

Teorema 2.1 (Brouwer ,1912) Toda a transformação contínua da esfera unitária fechada $S = \{x: \|x\| \leq 1\}$ em R^n em si mesma tem um ponto fixo.

Uma forma equivalente deste teorema pode ser enunciada como "cada mapeamento contínuo de um conjunto convexo fechado e limitado em R^n em si próprio tem um ponto fixo". Brouwer, um matemático holandês, apresentou o seu teorema em 1912. Este foi investigado pela primeira vez por Birkhoff e Kellog em 1922 durante o seu trabalho sobre o Teorema da Existência em análise. Estabeleceram pontos fixos para auto-mapeamentos contínuos em subconjuntos convexos compactos de C $[0,1]$ e L^2 $[0, 1]$. J. Schauder, um matemático polaco, propôs então o seu teorema em 1930 e estendeu estas conclusões ao caso em que X é um subconjunto convexo compacto de um espaço linear normado.

Teorema 2.2 (Schauder, 1930) Seja C um subconjunto convexo compacto de um espaço normado X que não é vazio. Então existe um ponto fixo para cada mapeamento contínuo de C em si mesmo.

Aproximar o conjunto de dimensão infinita C por um conjunto de dimensão finita, utilizando o teorema de Brouwer para deduzir a existência de um ponto fixo na aproximação de dimensão finita, e depois tomar o limite à medida que a dimensão do espaço de aproximação se aproxima do infinito são todos passos na prova do teorema de Schauder.

Teorema 2.3 (Schauder,1930) Seja C um subconjunto fechado convexo não vazio de um espaço linear normado X e seja D um subconjunto relativamente compacto de C. Então todo

A transformação contínua de C em D tem um ponto fixo. Tychonoff generalizou o teorema do ponto fixo de Schauder a um espaço vetorial topológico localmente convexo e o resultado é conhecido como o Teorema de Schauder-Tychonoff.

Teorema 2.4. Seja T uma transformação compacta e contínua de um espaço linear normado X nele próprio e seja T(X) limitada. T tem um ponto fixo. Precisamos das seguintes definições e resultados conhecidos para tornar a tese um auto-conteúdo.

Definição 2.5. (Banach ,1922) Seja T uma transformação de um espaço métrico (X, d) nele próprio. Diz-se então que a transformação T satisfaz a condição de Lipschitz com a constante de Lipschitz α se $d(T x, T y) \leq \alpha d(x, y)$ for all $x, y \in X$. T é chamada contração se $\alpha < 1$ e não expansiva se $\alpha = 1$. T diz-se contractiva se, para todo x, $y \in X$ and $x \neq y$, temos

$$d(T\,x, T\,y) < \alpha\, d(x, y).$$

Note-se que qualquer mapeamento Lipschitz é uniformemente contínuo. O princípio geral da contração em espaços métricos completos foi descoberto por Banach em 1922 e tornou-se imediatamente uma ferramenta valiosa na análise clássica e moderna. Qualquer transformação de contração num espaço métrico completo X tem um ponto fixo único, de acordo com o teorema do ponto fixo de Banach. Na teoria do ponto fixo, é uma das conclusões mais fundamentais e adaptáveis. Pode ser utilizado num computador para determinar iterativamente o ponto fixo de uma transformação de contração. O teorema do ponto fixo de Banach foi generalizado em várias direcções por Boyd e Wong (1969), Hardy e Rogers (1973), Husain e Sehgal (1975), Caristi (1976) e Downing e Kirk (1977). O ensaio original de Rhoades compara e contrasta várias definições e teoremas de ponto fixo para mapas de contração e contractivos (1977). Kannan (1968) descobriu que, para auto-mapeamentos f e g de um espaço métrico completo que satisfazem a condição, existe um ponto fixo compartilhado. $d(f(x), g(y)) \leq$ $\beta\,[d\,(x, f(x)) + d\,(y, g(y))]$, onde $0 < \beta < 1/2$. Se f = g na equação acima, f é conhecido como um mapeamento Kannan. Não é necessário que este mapeamento seja contínuo. Na situação de espaços métricos compactos para mapeamentos contractivos, (Edelstein ,1962) deduziu o teorema do ponto fixo.

$$d(f(x), f(y)) < \max\{d(x, y), d(x, f(x)), d(y, f(y))\},\ \text{whenever } x \neq y.$$

O estudo da existência de pontos fixos em mapas não expansivos é uma extensão da teoria padrão das aproximações sucessivas para mapas de contração. No caso de uma contração, a sequência de iteração definida por $x_{n+1} = f^n(x)$ converge fortemente para um ponto fixo único da transformação f. A sequência de iterações não tem de convergir numa transformação não expansiva, e o ponto fixo não tem de ser único se existir.

Em 1922, Banach é responsável pela teoria do ponto fixo da métrica. A importância do princípio de contração de Banach, bem como a razão pela qual é um dos teoremas de ponto fixo mais citados em várias disciplinas da matemática. Em 1962, Rakotch expandiu o princípio de contração de Banach e Edelstein seguiu-lhe o exemplo, desenvolvendo uma noção mais fraca de mapas de contração conhecida como mapa contrativo. Na altura, havia uma questão por responder para os académicos sobre se existiria outra condição de tipo contrativo que não exigisse que o mapa fosse contínuo, mas que ainda assim produzisse um ponto fixo único. Em 1968, Kannan desenvolveu um teorema de ponto fixo para um mapa que não é nem contração nem contrativo, utilizando uma técnica iterativa.

Teorema 2.6. (Kannan et al., 1968) Seja (X, d) um espaço métrico completo para o conjunto não vazio X e T seja um auto-mapeamento de X tal que $d(Tx, Ty) \leq \beta [d(x, Tx) + d(y, Ty)]$, para todo $x, y \in X$, $0 \leq \beta < 1/2$ Se $\{x_n\}$ em X tal que $x_n = T x^n{}_0$. Então T tem um ponto fixo único.

Na contração não linear, (Boyed e Wong, 1969) expandiram a contração de Banach. Em 1974, Pfeffer descobriu que as ideias de mapas comutadores e de ponto fixo comum são interdependentes, e este resultado de Pfeffer não tinha qualquer noção de métrica. Além disso, G. Jungck derivou um teorema de ponto fixo comum utilizando o conceito de mapas comutantes em 1976, sublinhando esta interdependência. Tratou-se de uma expansão e extensão notáveis do princípio de contração de Banach, tendo G. Jungck conseguido demonstrar o seguinte:

Teorema 2.7. (Jungck, 1976) Seja (X,d) um espaço métrico completo. Entao duas cartografias $T, S: X \rightarrow X$ tem um ponto fixo em X se e somente se existir um numero $\alpha \in (0,1)$ tal que:

(a) $T(X) \subset S(X)$;

(b) S e T são comutáveis;

(c) $d(Tx, Ty) \leq \alpha\, d(Sx, Sy)$,

para todo $x, y \in X$, existe um unico ponto $z \in X$ tal que $Sz = Tz = z$.

Desde então, foram publicados vários resultados significativos na literatura e a investigação neste domínio continua em curso. Menger propôs e investigou a noção de espaços métricos probabilísticos (ou espaços métricos estatísticos), que é uma generalização do espaço métrico, e o estudo destes espaços foi rapidamente alargado com os trabalhos pioneiros de Schweizwer Sklar. Na análise funcional probabilística, a teoria dos espaços métricos probabilísticos é fundamental.

Jr S.B.Nadler definiu as transformações de contração múltipla e estendeu o princípio de contração de Banach às transformações multivaloradas (Nadler Jr S. B. ,1969). R.E.Smithson introduziu o conceito de transformações contrativas multivaloradas em teoremas de ponto fixo (Smithson R.E., 1971). Mais tarde, C. J. Himmelberg flexibilizou o critério de compacidade do domínio e demonstrou a existência de um ponto fixo para todas as transformações semicontínuas superiores compactas e convexas fechadas de um subconjunto convexo não vazio num espaço vetorial topológico Hausdorff localmente convexo em si próprio (Himmelberg, C. J., 1972). M. Lassonde foi o primeiro a mostrar que existem pontos fixos para mapeamentos multivalorados factorizáveis de Kakutani que nem sempre são convexos (Lassonde, M., 1990). J. T. Markin foi pioneiro na utilização da métrica de Hausdroff para explorar pontos fixos para contracções multivaloradas e mapas não expansivos (Markin, J. T. ,1973).

Huang e Zhang propuseram o espaço métrico cónico, que é um espaço de Banach ordenado que substitui o co-domínio da métrica, que é uma coleção de números reais positivos (Huang e Zhang, 2007). Um cone não normal (Haghi, 2011) descobriu o espaço métrico e provou vários teoremas de ponto fixo em espaços métricos cónicos. O conceito de contracções multivaloradas (Wardowski, D. ,2009) foi proposto em espaços métricos cónicos e provou teoremas de ponto fixo para tais mapeamentos utilizando o conceito de cones normais. Os espaços métricos generalizados são um subconjunto dos espaços métricos cónicos. Mas uma questão básica que se coloca é a seguinte: "Serão esses espaços uma verdadeira generalização dos espaços métricos?" Esta questão foi investigada por vários autores. Os autores mostraram que os espaços métricos cónicos são metrizáveis e definiram a métrica equivalente em diferentes abordagens. No entanto, havia outra questão: "Será que a métrica equivalente satisfaz as mesmas condições de contractividade que o cone?" Alguns autores responderam afirmativamente para algumas situações contractivas, mas é impossível dar uma resposta geral a esta questão.

Definição 2.8. Sejam E seja um espaço de Banach e um subconjunto P de E diz-se que é um cone se satisfizer as seguintes condições,

(i) $P \neq \emptyset$ and P is closed;

(ii) $ax + by \in P$ para todos $x, y \in P$ e a, b são números reais não negativos;

(iii) $x \in P$ and $-x \in P \Rightarrow x = 0 \Leftrightarrow P \cap (-P) = \{0\}$.

Um cone $P \subset E$definimos uma ordenação parcial $\leq$ em relação a P por $x \leq y \Leftrightarrow y - x \in P$. Se $y - x$ interior of P, then it is denoted by $x \ll y$.

Definição 2.9. (Huang et al., 2007). Seja X um conjunto não vazio. Suponha que o mapeamento d: $X \times X \rightarrow E$ satisfaz:

i.   If $\theta \preccurlyeq d(x, y)$ for all $x, y \in X$ and $d(x, y) = \theta$ ifand only if $x = y$;

ii. $d(x, y) = d(y, x)$ for all $x, y \in X$;

iii. $d(x, y) \preccurlyeq d(x, z) + d(y, z)$ for all $x, y, z \in X$.

Então d é chamado um cone métrico em X e (X, d) é chamado um espaço cone métrico.

Em 2013, Rao desenvolveu o conceito de espaços b-métricos de valor complexo, (Rao et al., 2013) que era mais geral do que (Azam et al. ,2011) conhecidos espaços métricos de valor complexo. Assuma que C é o conjunto dos números complexos e Z_1 , Z_2 $\in C$ e uma ordem parcial $\precsim$ sobre C é a seguinte: $Z_1 \precsim Z_2$ se e somente se $Re(Z_1) \leq Re(Z_2)$, $Im(Z_1) \leq Im(Z_2)$. Assim, $Z_1 \precsim Z_2$ se uma das seguintes afirmações for válida:

(i) $Re(Z_1) = Re(Z_2)$, $Im(Z_1) = Im(Z_2)$,

(ii) $Re(Z_1) < Re(Z_2)$, $Im(Z_1) = Im(Z_2)$,

(iii) $Re(Z_1) = Re(Z_2)$, $Im(Z_1) < Im(Z_2)$,

(iv) $Re(Z_1) < Re(Z_2)$, $Im(Z_1) < Im(Z_2)$.

Em particular, escrevemos $Z_1 \precneqq Z_2$ se $Z_1 \neq Z_2$ e uma de (ii), (iii) e (iv) for satisfeita, também escrevemos $Z_1 \prec Z_2$ se apenas (iv) for satisfeita. Note-se que $0 \precsim Z_1 \precneqq Z_2 \Rightarrow |Z_1| < |Z_2|$ e $Z_1 \precsim Z_2$, $Z_2 \prec Z_3 \Rightarrow Z_1 \prec Z_3$.

F. Rouzkarad e M. Imdad são dois investigadores proeminentes nesta área de investigação do teorema do ponto fixo. Nesta direção, A.A. Mukheimer, R.Uthayakumar , G. Arockia Prabakar e A. K. Dubey estão a trabalhar, alargando e generalizando o âmbito da investigação nesta disciplina. Substituindo funções de controlo por constantes de condição contractivas, W. Sintunavarat e P. Kumam estabeleceram soluções de ponto fixo partilhado. Rao desenvolveu o conceito de espaços b-métricos de valor complexo, que era mais geral do que os conhecidos espaços métricos de valor complexo (Raoet al.,2013). Em 2014, A.A. Mukheimer descobriu alguns teoremas de pontos fixos comuns de duas auto-mapeamentos que satisfazem uma desigualdade racional em espaços b-métricos de valor complexo. Em 2010, Du introduziu a ideia dos espaços métricos TVS-Cone, uma versão melhorada dos espaços métricos cónicos. Desde então, alguns investigadores também generalizaram e estabeleceram as conclusões sobre pontos fixos no espaço métrico TVS-Cone.

CAPÍTULO- 3

RESULTADOS DE PONTOS FIXOS COMUNS EM ESPAÇOS MÉTRICOS TVS-CONE

3.1. Introdução

Este capítulo aborda uma série de resultados de pontos fixos bem conhecidos para a distância c em espaços métricos TVS-Cone. Em 2007, Huang e Zhang foram os primeiros a propor o conceito de espaços métricos cónicos, que é mais geral do que o espaço métrico. Em 2011, Wang e Guo utilizaram a distância c num espaço métrico cónico para mostrar conclusões comuns de pontos fixos. Estabeleceram também o princípio do mapeamento de contração de Banach neste espaço. Em 2010, Du apresentou a noção de espaços métricos TVS-Cone, que é uma versão mais avançada e alargada dos espaços métricos cónicos introduzidos por (Huang e Zhang, 2007). Nos espaços métricos TVS-Cone, muitos investigadores generalizaram e estabeleceram resultados de ponto fixo. Contudo, de acordo com uma conclusão antiga, se o cone subjacente a um TVS ordenado for sólido e normal, então o TVS deve ser um espaço normado ordenado. Consequentemente, na transição de espaços métricos cónicos normados para espaços métricos TVS, as generalizações adequadas só são possíveis com cones não normais.

Wang e Guo definiram a distância c em espaços métricos cónicos e provaram resultados de pontos fixos comuns em espaços métricos cónicos ordenados, que é uma variante métrica cónica da distância w de (Kada et al.,1996). Vários autores provaram depois teoremas de pontos fixos comuns em espaços métricos cone e TVS-Cone nesta direção. Sob condições contractivas, mostramos alguns resultados de pontos fixos comuns em termos de c-distância para mapeamentos em espaços métricos TVS-Cone (com um cone subjacente não-normal) (em que as constantes são substituídas por funções). Os resultados que obtivemos vão além e alargam as principais conclusões encontradas em (Dordevic et al., 2011; Fadail et al., 2012).

3.2. Preliminares

Vamos referir-nos a algumas definições e resultados que serão relevantes mais adiante neste capítulo. Suponha-se que E é um TVS com o vetor zero θ. Um subconjunto não vazio e fechado P de E é chamado de cone se $P + P \subseteq P$ e $\lambda P \subseteq P$ para $\lambda \geq 0$. Um cone P é dito próprio se $P \cap (-P) = \{\theta\}$. Definimos uma ordenação parcial $\preccurlyeq$ com respeito a P, para um dado cone $P \subseteq E$, por $x \preccurlyeq y$ se e somente se $y - x \in P$; $x \prec y$ representará $x \prec y$ e $x \neq y$, enquanto $x \ll y$ representará $y - x \in \text{int}P$, onde $\text{int}P$ denota o interior de P. O interior do cone P é considerado sólido se não for vazio. O par (E, P) representa um espaço vetorial topológico ordenado.

Definição 3.2.1. (Du ,2010) Seja X um conjunto não vazio e que (E, P) seja uma TVS ordenada. Uma métrica TVS-Cone é uma função vetorial d: $X \times X \to E$ diz-se que é uma métrica TVS-Cone, se satisfizer as seguintes condições:

$$(C1) \quad \theta \preccurlyeq d(x,y) \forall\, x,y \in X \text{ and } d(x,y) = \theta \text{ if and only if } x = y;$$
$$(C2) \quad d(x,y) = d(y,x) \forall\, x,y \in X$$
$$(C3) \quad d(x,z) \preccurlyeq d(x,y) + d(y,z) \text{ for all } x,y,z \in X.$$

O par (X, d) é então designado por espaço métrico TVS-Cone.

Definição 3.2.2. (Du, 2010) Seja (X, d) um espaço métrico TVS-Cone, $x \in X$ e seja $\{x_n\}$ uma sequência em X. Então

1. $\{x_n\}$ TVS-Cone converge para x sempre que para todo $c \in E$ com $\theta \ll c$, existe um número natural n_0 tal que $d(x_n,x) \ll c$ para todo $n \geq n_0$. Denotamos este facto por $\lim\limits_{n \to \infty} x_n = x$;

2. $\{x_n\}$ é uma sequência de Cauchy TVS-Cone sempre que para todo $c \in E$ com $\theta \ll c$, existe um número natural n_0 tal que $d(x_n, x_m) \ll c$ for all $n, m \geq n_0$;

3. (X, d) é TVS-Cone completa se todas as sequências de Cauchy TVS-Cone em X forem TVS-Cone convergentes.

Seja (X, d) seja um espaço métrico TVS-Cone. As propriedades seguintes são frequentemente utilizadas, particularmente neste caso quando o cone subjacente é não-normal.

(P_1) Se $u, v, w \in E, u \preccurlyeq v$ and $v \ll w$ then $u \ll w$.

(P_2) Se $u \in E$ e $\theta \preccurlyeq u \ll c$ para cada $c \in$ int P então $u = \theta$.

(P_3) Se $u_n, v_n, u, v \in E, \theta \preccurlyeq u_n \preccurlyeq v_n$ for each $n \in N$, and $u_n \to u, v_n \to v$

$(n \to \infty)$, then $\theta \preccurlyeq u \preccurlyeq v$.

(P_4) Se $x_n, x \in X, u_n \in E, d(x_n, x) \preccurlyeq u_n$ and $u_n \to \theta \ (n \to \infty)$, then $x_n \to X$

$(n \to \infty)$.

(P_5) Se $u \preccurlyeq \lambda u$ and $0 \le \lambda < 1$, then $u = \theta$.

(P_6) Se $c \gg \theta$ and $u_n \in E, \ u_n \to \theta (n \to \infty)$, then there exists n_0 such that

$u_n \ll c$ for all $n \ge n_0$

Em 2011, Wang e Guo desenvolveram o conceito de c-distância num espaço métrico cónico, que é uma generalização de (Kada et al.,1996; Cho et al. ,2011), transformando-o depois num conjunto de espaços métricos cónicos ordenados.

Definição 3.2.3. (Cho Y.J. et al.,2011) Seja (X, d) um espaço métrico TVS-Cone. Uma função q: $X \times X \to E$ é chamada uma distância c em X se :

(q1) $\theta \preccurlyeq q(x, y)$ for all $x, y \in X$;
(q2) $q(x, z) \preccurlyeq q(x, y) + q(y, z)$ for all $x, y, z \in X$;
(q3) If a sequence $\{y_n\}$ in X converges to a point $y \in X$, and for some

$x \in X$ and $u = u_x \in P, q(x, y_n) \preccurlyeq u$ holds for each $n \in N$, then $q(x, y) \preccurlyeq u$;
(q4) for each $c \in E$ with $\theta \ll c$, there exists $e \in E$ with

$\theta \preccurlyeq e$, such that $q(z, x) \ll e$ and $q(z, y) \ll e$ implies $d(x, y) \ll c$.

Exemplo 3.2.4. Seja (X, d) um espaço métrico TVS-Cone tal que a métrica d (. , .) é uma função contínua de segunda variável. Então $q(x, y) = d(x, y)$ é uma distância c. De facto, apenas a propriedade (q_3) é não-trivial e segue-se de $q(x, y_n) = d(x, y_n) \leq u$, passando ao limite quando $n \to \infty$ e usando a continuidade de d.

Quando $q \neq d$, Considere-se o espaço de Banach $E = C [0, 1]$ de funções contínuas de valor real e o cone $P = \{f \in F : f(t) \geq 0$ para $t \in [0,1] \}$. Este cone é normal no espaço de Banach E. Seja T^* a topologia localmente convexa mais forte sobre o espaço vetorial E. Então o cone P é sólido, mas não é normal na topologia T^*. Sejam $X = [0, \infty)$ e d: $X \times X \to (E, T^*)$ sejam definidos por $d(x,y) (t) = | x - y | \phi (t)$ para um elemento fixo $\phi \in P$. Então (X, d) é um espaço métrico cónico TVS que não é um espaço métrico cónico. Podemos introduzir duas c- distâncias neste espaço q_1 $(x,y) (t) = x. \phi (t)$ e q_2 $(x,y) (t) = \gamma. \phi (t)$. Estes exemplos mostram, entre outras coisas, que para uma distância c q:

(1) $q (x,y) = q (y,x)$ não é necessariamente válido para todos os $x,y \in X$;

(2) $q (x,y) = \theta$ não é necessariamente equivalente a $x = y$.

Uma sequência $\{u_n \}$ em P uma c-sequência se para cada $c \gg \theta$ existe $n_0 \in N$ tal que $u_n \ll c$ para $n \geq n_0.$ É fácil mostrar que se $\{u \}$ e $\{v_{nn} \}$ são c-sequências em E e $\alpha, \beta > 0$, então $\{\alpha u + \beta v_{n\,n} \}$ é uma c-sequência.

Lema 3.2.5. Seja (X, d) um espaço métrico TVS-Cone e seja q uma distância c em X. Sejam $\{x_n \}$ e $\{y_n \}$ sequências em X e $x, y, z \in X$. Suponha-se que $\{u_n \}$ e $\{v_n \}$ são c-sequências em P. Então, mantêm-se as seguintes condições: (Dordevic M. et al., 2011)

(1) If $q(x_n, y) \preccurlyeq u_n$ and $q(x_n, z) \preccurlyeq v_n$

      In particular, if $q(x, y) = \theta$ and $q(x, z) = \theta$, then $y = z$.

(2) If $q(x_n, y_n) \preccurlyeq u_n$ and $q(x_n, z) \preccurlyeq v_n$ for $n \in N$, then $\{y_n\}$ converges to z.

(3) If $q(x_n, x_m) \preccurlyeq u_n$ for $m > n > n_0$, then $\{x_n\}$ is a Cauchy sequence in X.

(4) If $q(y, x_n) \preccurlyeq u_n$ for $n \in N$, then $\{x_n\}$ is a Cauchy sequence in X.

Observação 3.2.6. (Wang S. et al., 2011)

(1) $q(x, y) = q(y, x)$ does not necessarily for all $x, y \in X$;

(2) $q(x, y) = \theta$ is not necessarily equivalent to $x = y$ for all $x, y \in X$.

Agora estamos prontos para afirmar e provar os nossos principais resultados.

3.3 Principais resultados em espaços métricos TVS-Cone

Teorema 3.3.1. Seja (X, d) um espaço métrico TVS-Cone completo e q seja uma distância c em X. Sejam $f, g : X \to X$ sejam dois auto-mapas contínuos e suponhamos que existem mapeamentos $k, l : X \to [0,1)$ tais que as seguintes condições se verificam:

$(a)\, k(fx) \leq k(x), l(fx) \leq l(x), k(gx) \leq k(x), l(gx) \leq l(x)\, for\, all\, x \in X;$

$(b)(k + 2l)(x) < 1\, for\, all\, x \in X;$

$(c)\ (i)q(fx, gy) \preccurlyeq k(x)q(x, y) + l(x)[q(fx, y) + q(x, gy)]$

$\quad (ii)q(gy, fx) \preccurlyeq k(y)q(y, x) + l(y)[q(y, fx) + q(gy, x)] for\, all\, x, y \in X.$

Then. f *and* g have a common fixed point in X. *If* $fu = gu = u, then\, q(u, u) = \theta.$

Prova. Seja $x_0 \in$ X arbitrário e forme-se a sequência $\{x_n\}$ tal que

$$x_{2n+1} = fx_{2n}\ and\ x_{2n+2} = gx_{2n+1}\ for\, n \geq 0.\, Denote$$

$$u_n = q(x_{2n}, x_{2n+1}) + q(x_{2n+1}, x_{2n})$$

e

$$v_n = q(x_{2n+1}, x_{2n+2}) + q(x_{2n+2}, x_{2n+1}).$$

Colocando $x = x_{2n+2},\ y = x_{2n+1}$ em (c) - (i), obtém-se

$$q\,(f x_{2n+2}, gx_{2n+1}) = q(x_{2n+3}, x_{2n+2})$$

$$\preccurlyeq k(x_{2n+2})\, q(x_{2n+2}, x_{2n+1}) + l\,(x_{2n+2})[q\,(f x_{2n+2}, gx_{2n+1}) + q(x_{2n+2}, gx_{2n+1})$$

$$= k(gx_{2n+1})q(x_{2n+2}, x_{2n+1}) + l(gx_{2n+1})[q(x_{2n+3}, x_{2n+1}) + q(x_{2n+2}, x_{2n+2})]$$

$$\leqslant k(x_{2n+1})q(x_{2n+2},x_{2n+1}) + l(x_{2n+1})\,[q(x_{2n+3},x_{2n+2}) +$$
$$q(x_{2n+2},x_{2n+1})].$$

Continuando desta forma, podemos obter

$$q(x_{2n+3},x_{2n+2}) \leqslant k(x_0)q(x_{2n+2},x_{2n+1}) + l(x_0)[q(x_{2n+3},x_{2n+2}) +$$
$$q(x_{2n+2},x_{2n+1})] \qquad\qquad ....(3.1)$$

Do mesmo modo, colocando $y = x_{2n+1}$ and $x = x_{2n+2}$ in $(c)-(ii)$, obtemos

$$q(gx_{2n+1}, fx_{2n+2}) = q(x_{2n+2}, x_{2n+3})$$
$$\leqslant k(x_{2n+1})q(x_{2n+1},x_{2n+2}) + l(x_{2n+1})[q(x_{2n+1}, fx_{2n+2})$$
$$+q(gx_{2n+1}, x_{2n+2})]$$

$$= k(fx_{2n})q(x_{2n+1},x_{2n+2}) + l(fx_{2n})[q(x_{2n+1},x_{2n+3}) + q(x_{2n+2},x_{2n+2})]$$
$$\leqslant k(x_{2n})q(x_{2n+1},x_{2n+2}) + l(x_{2n})[q(x_{2n+1},x_{2n+2}) + q(x_{2n+2},x_{2n+3})].$$

Continuando desta forma, podemos obter

$$q(x_{2n+2},x_{2n+3}) \leqslant k(x_0)\, q(x_{2n+1},x_{2n+2}) + l(x_0)[q(x_{2n+1},x_{2n+2})$$
$$+q(x_{2n+2},x_{2n+3})] \qquad\qquad .....(3.2)$$

Somando (3.1) e (3.2), obtém-se

$$u_{n+1} \leqslant (k(x_0) + l(x_0))v_n + l(x_0)u_{n+1},$$

Ou seja, $u_{n+1} \leqslant hv_n$, para todo n $\in$N, onde $0 < h = \frac{k(x_0)+l(x_0)}{1-l(x_0)} < 1$, pois $(k+2l)\,(x) < 1$ para todo $x \in X$.

Por um procedimento semelhante, começando com $x = x_{2n}$ e $y = x_{2n+1}$, é possível

obtemos $v_n \leqslant hu_n$, n $\in$ N. Combinando as duas últimas desigualdades, segue-se que

$u_{n+1} \leqslant h2u_n$ e $v_n \leqslant h2v_{n-1}$, e obtemos que $\{u_n\}$ e $\{v_n\}$ são sequências c-.

Temos que $q(x_{2n},x_{2n+1}) \leqslant u_n$, $q(x_{2n+1},x_{2n+2}) \leqslant v_n$ e segue-se que $q(x_n, x_{n+1}) \leqslant u_n + v_n$, $where$ $u_n + v_n$ é uma sequência c. Usando o Lema 3.2.5, obtemos que $\{x_n\}$ é uma sequência de Cauchy em X. Logo $x_n \to x^* \in X$ $(n \to \infty)$. Como f e g são contínuas, segue-se facilmente da definição de $\{xn\}$ que $fx^* = gx^* = x^*$. Assim, as transformações f e g têm um ponto fixo comum.

Suponhamos que u $\in$ X é outro ponto que satisfaz $fu = gu = u$. Então, (c)-(i) implica que

$$q(fu, gu) = q(u, u) \preccurlyeq k(u)q(u, u) + l(u)[q(u, u) + q(u, u)]$$

$$= (k + 2l)(u)q(u, u)$$

e como $0 < (k + 2l)(x) < 1$, a propriedade (P_5) implica que q(u, u) = θ.

Como corolário, obtemos um resultado de ponto fixo comum para os auto-mapas f e g que satisfazem

    (i) $q(fx, gy) \preccurlyeq k(x)q(x, y) + l(x)[q(x, fx) + q(y, gy)]$,

    (ii) $q(gy, fx) \preccurlyeq k(y)q(y, x) + l(y)[q(fx, x) + q(gy, y)]$

para todos os x, y $\in$ X e (k+2l) (x) < 1.

Teorema 3.3.2. Seja (X, d) um espaço métrico TVS-Cone completo e q seja uma distância c em X. Sejam $f, g : X \to X$ sejam dois auto-mapas contínuos e suponha-se que existe uma correspondência $k, l, r : X \to [0, 1)$ tal que as seguintes condições se verificam:

$(a) k(fx) \leq k(x), l(fx) \leq l(x), r(fx) \leq r(x)$ and

   $k(gx) \leq k(x), l(gx) \leq l(x), r(gx) \leq r(x)$ for all $x \in X$;

$(b)\ (k + 2l + 2r)(x) < 1$ for all $x \in X$;

(c) (i) $q(fx, gy)$
$$\leqslant k(x)q(x,y) + l(x)[q(x,gy) + q(y,fx)] + r(x)[q(x,fx) + q(y,gy)]$$

(ii) $q(gy, fx)$
$$\leqslant k(y)q(y,x) + l(y)[q(gy,x) + q(fx,y)] + r(y)[q(fx,x) + q(gy,y)]$$

for all x, y $\in$ X.

Então f e g têm um ponto fixo comum em X. Se fu $= gu = $ u, então q(u,u)$= 0$.

Prova. Seja $x_0 \in$ X arbitrário e forme-se a sequência $\{x_n\}$ tal que $x_{2n+1} = fx_{2n}$ e

$$x_{2n+2} = gx_{2n+1} \, for \, n \geq 0. \, Denote$$

$$u_n = q(x_{2n}, x_{2n+1}) + q(x_{2n+1}, x_{2n})$$

$$and$$

$$v_n = q(x_{2n+1}, x_{2n+2}) + q(x_{2n+2}, x_{2n+1}).$$

Colocando x $= x_{2n+2}$, y $= x_{2n+1}$ em (c)-(i), obtemos

$$q(fx_{2n+2}, gx_{2n+1}) = q(x_{2n+3}, x_{2n+2})$$

$$\leqslant k(x_{2n+2})q(x_{2n+2}, x_{2n+1}) + l(x_{2n+2})q(x_{2n+2}, gx_{2n+1}) +$$

$$q(x_{2n+1}, fx_{2n+2})] + r(x_{2n+2})[q(x_{2n+2}, fx_{2n+2}) + q(x_{2n+1}, gx_{2n+1})]$$

$$= k(gx_{2n+1})[q(x_{2n+2}, x_{2n+1}) + l(gx_{2n+1})[q(x_{2n+2}, x_{2n+1}) +$$

$$q(x_{2n+1}, x_{2n+3})] + r(gx_{2n+1})[q(x_{2n+2}, x_{2n+3}) + q(x_{2n+1}, x_{2n+2})]$$

$$\leqslant k(x_{2n+1})q(x_{2n+2}, x_{2n+1}) + l(x_{2n+1})[q(x_{2n+1}, x_{2n+2})$$

$$+ q(x_{2n+1}, x_{2n+2})] + r(x_{2n+1})[q(x_{2n+2}, x_{2n+3}) + q(x_{2n+1}, x_{2n+2})].$$

Continuando desta forma, podemos obter

$$q(x_{2n+3}, x_{2n+2}) \leqslant k(x_0)q(x_{2n+2}, x_{2n+1}) + l(x_0)[q(x_{2n+1}, x_{2n+2}) +$$

$$q(x_{2n+2}, x_{2n+3})] + r(x_0)[q(x_{2n+2}, x_{2n+3}) +$$

$$q(x_{2n}+1, x_{2n}+2)].$$

...... (3.3) Do mesmo modo, colocando $y = x_{2n+1} \, and \, x = x_{2n+2}$ em (c) - (ii), obtemos

$$q(gx_{2n+1}, fx_{2n+2}) - q(x_{2n+2}, x_{2n+3})$$

$$\leq k(x_{2n+1})q(x_{2n+1}, x_{2n+2}) + l(x_{2n}+1)[q(gx_{2n+1}, x_{2n+2}) +$$

$$q(fx_{2n+2}, x_{2n+1})] + r(x_{2n}+1)[q(fx_{2n+2}, x_{2n+2}) +$$

$$q(gx_{2n1}, x_{2n+1})]$$

$$= k(fx_{2n})q(x_{2n}+1, x_{2n}+2) + l(fx_{2n})[q(x_{2n+2}, x_{2n+2}) +$$

$$q(x_{2n+3}, x_{2n+1})] + r(fx_{2n})[q(x_{2n+3}, x_{2n+2}) + q(x_{2n+2}, x_{2n+1})]$$

$$\leq k(x_{2n})q(x_{2n+1}, x_{2n+2}) + l(x_{2n})[q(x_{2n+3}, x_{2n}+2) +$$

$$q(x_{2n+2}, x_{2n+1})] + r(x_{2n})[q(x_{2n}+3, x_{2n}+2) +$$

$$q(x_{2n}+2, x_{2n}+1)].$$

Continuando desta forma, podemos obter

$$q(x_{2n+2}, x_{2n+3})$$

$$\leq k(x_0)q(x_{2n+1}, x_{2n+2}) + l(x_0)[q(x_{2n+3}, x_{2n+2}) + q(x_{2n+2}, x_{2n+1})] +$$

$$r(x_0)[q(x_{2n+3}, x_{2n+2}) + q(x_{2n+2}, x_{2n+1})])$$

Da soma de (3.3) e (3.4) resulta que

$$u_{n}+1 \leq (k(x_0) + l(x_0) + r(x_0))v_n + (l(x_0) + r(x_0))u_{n}+1,$$

Ou seja, $u_{n+1} \leq hv_n$, $n \in N$, onde $0 < h = \dfrac{k(x_0)+l(x_0)+r(x_0)}{1-l(x_0)-r(x_0)} < 1$, pois $(k + 2l + 2r)(x) < 1$.

Por um procedimento semelhante, começando com $x = x_{2n}$ e $y = x_{2n+1}$, pode-se obter $v_n \leq hu_n$,

$n \in N$. Combinando as duas últimas desigualdades, segue-se que $u_{n+1} \preccurlyeq$ h2un e vn $\preccurlyeq$

h2vn-1, e obtemos que $\{un\}$ e $\{vn\}$ são c-sequências e q $(x_{2n} , x_{2n+1})\preccurlyeq$ un, q $(x_{2n+1} , x_{2n+2}$

$)\preccurlyeq v_n$, e segue-se que q $(x_n , x_{n+1})\preccurlyeq u_n + v_n$, onde $u_n + v_n$ é uma c-sequência. Usando o

Lema 3.2.5, obtemos que $\{xn\}$ é uma sequência de Cauchy em X e $x_n \to x^* \in X$ (n $\to$

∞). Como f e g são contínuas, segue-se facilmente da definição de $\{xn\}$ que. $fx^* = gx^* =$

x^*. Como resultado, os pontos fixos das transformações f e g são os mesmos. Assim, as

transformações f e g têm um ponto fixo comum. Suponha-se que u $\in$ X é um ponto

qualquer que satisfaz fu = gu = u. Então, (c)-(i) implica que q (fu, gu) = q(u,u)

$$\preccurlyeq k(u)q (u, u) + l(u) [q (u, u) + q (u, u)] + r(u) [q (u, u) + q (u, u)]$$

$$= (k + 2l + 2r) (u) q (u, u), \text{ e como } 0 < (k + 2l + 2r)(x) < 1, \text{ a propriedade } (P_5$$
) implica que q (u, u) = θ

Como corolário, para os auto-mapas f e g, encontramos um resultado de ponto fixo comum
que é satisfatório.

$(i) \; q(fx, gy)$

$$\preccurlyeq k(x)q(x,y) + l(x)[q(x, f\,x) + q(x, gy)] + r(x)[q(y, f\,x) + q(y, gy)],$$

$(ii) \; q(gy, fx)$

$$\preccurlyeq k(y)q(y,x) + l(y)[q(f\,x, x) + q(gy, x)] + r(y)[q(f\,x, y) + q(gy, y)],$$

$$for \; all \; x, y \in X \; and (k + 2l + 2r)(x) < 1.$$

Teorema 3.3.3. Sejam (X, d) seja um espaço métrico TVS-Cone completo e q seja uma
distância c em X. Seja $f, g : X \to X$ sejam dois auto-mapas contínuos e suponhamos que
existem mapeamentos $k, r, l, t : X \to [0,1)$ tais que as condições seguintes se
verifiquem:

$(a) \; k(fx) \le k(x), r(fx) \le r(x), l(fx) \le l(x) \text{ and } t(fx) \le t(x);$

$$k(gx) \le k(x), r(gx) \le r(x), l(gx) \le l(x) \text{ and } t(gx) \le t(x) \text{ for all } x \in X;$$

(b) $(k + r + l + 2t)(x) < 1 \text{ for all } x \in X;$

(c) (i) $q(fx, gy) \preccurlyeq k(x)q(x, y) + r(x)q(f x, x) + l(x)q(gy, y) + t(x)[q(f x, y) + q(gy, x)]$

(ii) $q(gy, fx) \preccurlyeq k(y)q(y, x) + r(y)q(x, fx) + l(y)q(y, gy) + t(y)[q(y, fx) + q(x, gy)]$

$$for \text{ all } x, y \in X.$$

Então f e g têm um ponto fixo comum em X. Se $fu = gu = u$, then $q(u, u) = \theta$.

Prova:

Sejam $x_0 \in X$ sejam arbitrários e formem a sequência $\{xn\}$ tal que

$$x =_{2n+1} f x_{2n} \text{ and } x_{2n+2} = g x_{2n+1} \text{ for } n \ge 0.$$

$$Denote \; u_n = q(x_{2n}, x_{2n+1}) + q(x_{2n+1}, x_{2n})$$

e

$$v_n = q(x_{2n+1}, x_{2n+2}) + q(x_{2n+2}, x_{2n+1})$$

$$Putting \; x = x_{2n+2}, \qquad y = x_{2n+1} \quad in \; (c) - (i), we \; get$$

$$q(f x_{2n+2}, g x_{2n+1}) = q(x_{2n+3}, x_{2n+2})$$

$$\preccurlyeq k(x_{2n+2})q(x_{2n+2}, x_{2n+1}) + r(x_{2n+2})q(f x_{2n+2}, x_{2n+2}) +$$

$$l(x_{2n+2}) \, q(g x_{2n+1}, x_{2n+1}) + t(x_{2n+2})[q(f x_{2n+2}, x_{2n+1}) +$$

$$q(g \, x_{2n+1}, x_{2n+2})]$$

$$= k(g x_{2n+1})q(x_{2n+2}, x_{2n+1}) + r(g x_{2n+1})q(x_{2n+3}, x_{2n+2}) +$$

$$l(g x_{2n+1} + 1) \, q(x_{2n+2}, x_{2n+1}) + t(g x_{2n+1})[q(, x_{2n+1})$$

$$+ q(x_{2n+2}, x_{2n+2})]$$

$$\leqslant k(x_{2n+1})qx_{2n+2}, + r(x_{2n+1})q(x_{2n+3}, x_{2n+2}) +$$
$$l(x_{2n+1})q(x_{2n+2}, x_{2n+1}) + t(x_{2n+1})[q(x_{2n+3}, x_{2n+2}) +$$
$$q(x_{2n+2}, x_{2n+1})]$$

Continuando desta forma, podemos obter

$$q(x_{2n+3}, x_{2n+2}) \leqslant k(x_0)q(x_{2n+2}, x_{2n+1}) + r(x_0)q(x_{2n+3}, x_{2n+2}) +$$
$$l(x_0)q((x_{2n+2}, x_{2n+1})) + t(x_0)[q(x_{2n+3}, x_{2n+2}) +$$
$$q(x_{2n+2}, x_{2n+1})] \qquad \text{.......(3.5)}$$

Do mesmo modo, colocando $y = x_{2n+1}\ and\ x = x_{2n+2}$ em (c)-(ii), obtemos

$$q(gx_{2n+1}, fx_{2n+2}) = q(x_{2n+2}, x_{2n+3})$$

$$\leqslant k(x_{2n+1})q(x_{2n+1}, x_{2n+2}) + r(x_{2n+1})q(x_{2n+2}, fx_{2n+2}) +$$

$$l(x_{2n+1})q(x_{2n+1}, gx_{2n+1}) + t(x_{2n+1})[q(x_{2n+1}, fx_{2n+2})$$

$$+ q(x_{2n+2}, gx_{2n+1})]$$

$$= k(fx_{2n})q(x_{2n+1}, x_{2n+2}) + r(fx_{2n})q(x_{2n+2}, x_{2n+3}) + l(fx_{2n})q(x_{2n+1}, x_{2n+2})$$
$$+ t(fx_{2n})[q(x_{2n+1}, x_{2n+3}) + q(x_{2n+2}, x_{2n+2})]$$

$$\leqslant k(x_{2n})q(x_{2n+1}, x_{2n+2}) + r(x_{2n})q(x_{2n+2}, x_{2n+3}) + l(x_{2n})q(x_{2n+1}, x_{2n+2})$$
$$+ t(x_{2n})[q(x_{2n+1}, x_{2n+2}) + q(x_{2n+2}, x_{2n+3})].$$

Continuando desta forma, podemos obter

$$q(x_{2n+2}, x_{2n+3}) \leqslant k(x_0)q(x_{2n+1}, x_{2n+2}) + r(x_0)q(x_{2n+2}, x_{2n+3})$$

$$+ l(x_0)q(x_{2n+1}, x_{2n+2})$$

$$+ t(x_0)[q(x_{2n+1}, x_{2n+2}) + q(x_{2n+2}, x_{2n+3})] \qquad \text{....... (3.6)}$$

Somando (3.5) e (3.6), obtemos

$$u_{n+1} \leqslant (k(x_0) + l(x_0) + t(x_0))\, v_n + (r(x_0) + t(x_0))u_{n+1},$$

Ou seja, $u_{n+1} \leqslant hv_n$ para todo $n \in N$, onde $0 < h = \dfrac{k(x_0)+l(x_0)+t(x_0)}{1-r(x_0)-t(x_0)} < 1$,

desde $(k + r + l + 2t)(x) < 1\ for\ all\ x \in X.$

Por um procedimento semelhante, partindo de $x = x_{2n}$ e $y = x_{2n+1}$, obtém-se vn $\leqslant$ hun, n $\in$ N. Combinando as duas últimas desigualdades, segue-se que

un+1 $\leqslant$ h2un e vn $\leqslant$ h2vn-1, e obtemos que {un} e {vn} são c- sequências.

Temos que q(x_{2n}, x_{2n+1}) $\leqslant u_n$, q(x_{2n+1}, x_{2n+2}) $\leqslant v_n$, e segue que q(x_n, x_{n+1}) $\leqslant u_n + v_n$, onde $u_n + v_n$ é uma sequência c. Usando o Lema 3.2.5(3), obtemos que {xn} é uma sequência de Cauchy em X. Logo, xn $\rightarrow$ $^{x*} \in$ X (n $\rightarrow \infty$). Como f e g são contínuas, segue facilmente da definição de {xn} que $^{fx*} = {}^{gx*} = x*$.

Assim, as transformações f e g têm um ponto fixo comum. Suponha que $u \in X$ seja outro ponto que satisfaça

$fu = gu = u$. Então, (c) - (i) implica que

$$q(f\,u, gu) \leqslant k(u)q(u,u) + r(u)q(f\,u,u) + l(u)q(gu,u) + t(u)[q(f\,u,u) + q(gu,u)]$$

$$= (k + r + l + 2t)(u)q(u,u)$$

e uma vez que $0 < (k + r + l + 2t)(x) < 1$,

A propriedade (P$_5$) implica que $q(u,u) = \theta$.

3.4 T$_F$ -contração

S.Moradi introduziu um novo tipo de teorema do ponto fixo definindoT$_F$ -contração como uma nova condição contractiva em espaços métricos completos (Moradi et al. ,2010). Moradi e Beiranvand introduziram o conceito de mapas de TF -contração da seguinte forma:

Definição 3.4.1. (Moradi et al.,2010). Sejam(X, d) seja um espaço métrico e $f, T : X \rightarrow X$ sejam dois mapeamentos. Um mapeamento f é dito ser uma TF -contração se existir α $\in$ [0,1) tal que para todo $x, y \in X$,

$$F(d(Tfx, Tfy)) \leq \alpha F(d(Tx, Ty)),$$

(1) F: [0, ∞) $\rightarrow$ [0, ∞), F é contínua não decrescente da direita e

$F^{-1}(0) = \{0\}$.

(2) T é unívoca e o gráfico é fechado (ou subseqüentemente convergente e

contínuo).

Definição 3.4.2. Seja (X, d) um espaço métrico. Uma transformação $T: X \to X$ diz-se sequencialmente convergente se tivermos, para cada sequência $\{y_n\}$, se $\{Ty_n\}$ é convergente então $\{y_n\}$ também é convergente. T diz-se que é sub-sequencialmente convergente se tivermos, para cada sequência $\{y_n\}$, se $\{Ty_n\}$ é convergente então $\{y_n\}$ tem uma subsequência convergente.

Definição 3.4.3. Seja (X, d) um espaço métrico. Uma transformação $T : X \to X$ é dita fechada no grafo se, para cada sequência $\{x_n\}$ tal que $lim_{n \to \infty} Tx_n = a$ então para alguma $b \in X, T\,b = a$. Por exemplo, a função identidade em X é fechada em termos de grafos.

Teorema 3.4.4. Sejam (X, d) seja um espaço métrico completo e $T, f : X \to X$ sejam transformações tais que T é contínua, unívoca e subseqüentemente convergente. Se $a, b \in [0, 1)$ and $x, y \in X$,

$$F\big(d(Tfx, Tfy)\big) \leq a\ \big[F\big(d(Tx, Ty)\big)\big] + b\big[F\big(d(Tx, Tfx)\big) + F\big(d(Ty, Tfy)\big)\big] \qquad \text{...... (3.7)}$$

em que, F: $[0, \infty) \to [0, \infty)$ é contínua não decrescente da direita e F $^{-1}(0) = \{0\}$. Então, f tem um ponto fixo único em X. Além disso, se T é sequencialmente convergente, então cada $x \in X$ a sequência de iterações $\{f^n x_0\}$ converge para o ponto fixo.

Prova. Sejam $x_0 \in X$ seja um ponto arbitrário e $x_n = fx_{n-1} = f^n x_0$

$$F\left(d(T x_n, T x_{n+1})\right) = F\left(d(Tf\, x_{n-1}, Tf\, x_n)\right)$$

$$\leq a[F(d(Tx_{n-1}, Tx_n))] + b[F\left(d(T x_{n-1}, Tf\, x_{n-1})\right) + F\left(d(T x_n, Tf\, x_n)\right)]$$

$$= a[F\big(d(Tx_{n-1}, Txn)\big)] + b[F\left(d(T x_{n-1}, T x_n)\right) + F\left(d(T x_n, T x_{n+1})\right)]$$

$$\leq \frac{a+b}{1-b}\ F(d(Tx_{n-1}, Tx_n))$$

$$F\left(d(T x_n, T x_{n+1})\right) \leq \lambda\, F\left(d(Tx_{n-1}, Tx_n)\right) \qquad \text{....... (3.8)}$$

$= where\ \lambda = \frac{a+b}{1-b}$. Além disso, continuando o processo (3.8),

obtemos o seguinte,

$$F\left(d(T\,x_n, T\,x_{n+1})\right) \leq \lambda^n F\left(d(T\,x_0, T\,x_1)\right) \qquad\qquad \dots (3.9)$$

Letting n $\rightarrow$ ∞ in (3.9), we obtain that

$$F\left(d(Tx_n, Tx_{n+1})\right) \rightarrow 0^+ \ as\ n \rightarrow \infty. \qquad\qquad \dots (3.10)$$

Again using (3.9), for all m, n $\in$ N, taking m $>$ n we have

$$F\left(d(T\,x_n, T\,x_m)\right) = F\left(d(Tf x^n_0, Tf x^m_0)\right) \leq \lambda^n F\left(d(T\,x_0, Tf x^{m-n}_0)\right). \qquad \dots$$

$$(3.11)$$

Sendo m, n $\rightarrow \infty$, temos $F(d(Tx_n, Tx_m)) \rightarrow 0^+$. Da Definição (3.4.2), é evidente que F é contínua não decrescente da direita e, portanto, $d(Tx_n, Tx_m) \rightarrow 0^+$ à medida que m, n $\rightarrow \infty$. Assim, mantemos que $\{T_{xn}\}$ é uma sequência de Cauchy no espaço métrico (X, d). Considerando a completude de X, obtemos que existe $\theta \in X$ tal que

$$\lim_{n \rightarrow \infty} Tx_n = \theta. \qquad\qquad \dots (3.12)$$

Se T é sub-sequencialmente convergente, então $\{x_n\}$ tem uma subsequência convergente, logo existe u $\in$ X tal que

$$\lim_{n \rightarrow \infty} x_{n(k)} = u \qquad\qquad \dots (3.13)$$

Além disso, T é contínua e $x_{n(k)} \rightarrow$ u, portanto,

$$\lim_{k \rightarrow \infty} T\,x_n(k) = T\,u \qquad\qquad \dots (3.14)$$

Note-se que $\{Tx_n(k)\}$ é uma subsequência de $\{T\,x_n\}$. Então $Tu = \theta$. Agora, vamos mostrar que

u $\in$ X é um ponto fixo de f. De facto, temos

$$F\left(d(Tu, Tfu)\right) \leq F\left(d\left(Tu, Tx_{n(k)}\right) + d\left(Tx_{n(k)}, Tfu\right)\right)$$

$$= F\left(d(T\,u, T\,x_{n(k)}) + d(Tf^{nk}x_0, Tf\,u)\right)$$

$$\leq F(d(Tu, Tx_{n(k)}) + a[F(d(Tx_0, Tu))]$$

$$+b[F\left(d(T\,x_0, Tf^{nk}x_0)\right) + F\left(d(T\,u, Tf\,u)\right)] \dots (3.15)$$

Deixando $k \to \infty$ em (3.15), temos.

$$F\left(d(T\,u, Tf\,u)\right) \leq 0. \qquad\qquad \dots (3.16)$$

A desigualdade acima é contraditória, a menos que $d(Tu, Tf\,u) = 0$. Assim, obtemos T $u = Tf\,u$. Além disso, como T é unívoco, obtemos $fu = u$. Como resultado, podemos deduzir que u $\in$X é um ponto fixo de f. A unicidade do ponto fixo é a seguinte: Suponha que u' seja outro ponto fixo de f, de modo que f u'= u', e que f u'= u'.

$$F\left(d(T\,u, T\,u')\right) = F\left(d(Tf\,u, Tf\,u')\right)$$

$$\leq a[F\left(d(T\,u, T\,u')\right)] + b[F\left(d(T\,u, Tf\,u)\right) + F\left(d(T\,u', Tfu')\right)]$$

$$= a[F\left(d(T\,u, T\,u')\right)] + b[F\left(d(T\,u, T\,u)\right) + F\left(d(T\,u', Tu')\right)] \quad \dots (3.17)$$

A desigualdade (3.17) é uma contradição a menos que $F\left(d(T\,u, T\,u')\right) = 0$. Assim, obtemos $T\,u = T\,u'$ e tendo em conta que T é unívoco, obtemos $u = u'$. Como resultado, podemos concluir que o ponto fixo é único. Além disso, se assumirmos que T é sequencialmente convergente, podemos deduzir que, substituindo $\{n\}$ por $\{n(k)\}$

$$\lim_{n \to \infty} x_n = u \qquad\qquad \dots (3.18)$$

Assim, a desigualdade (3.18) mostra que $\{x_n\}$ converge para o ponto fixo de f.

Corolário 3.4.5. Sejam (X, d) seja um espaço métrico completo e T, f : X $\to$ X sejam transformações tais que T é contínua, unívoca e subsequentemente convergente. Se $\alpha, \beta, \gamma \in [0, 1)$and x, y $\in$ X,

$$F\left(d(Tf\,x, Tfy)\right)$$
$$\leq \alpha[F\left(d(T\,x, T\,y)\right)] + \beta[F\left(d(T\,x, Tf\,x)\right)] + \gamma\left[F\left(d(T\,y, Tfy)\right)\right]$$

em que, $F : [0, \infty) \to [0, \infty)$ é contínua não decrescente da direita e $F^1(0) = \{0\}$. Então f tem um ponto fixo único em X. Além disso, se T é sequencialmente convergente então a cada $x_0 \in X$ a sequência de iterados $\{f^n x_0\}$ converge para o ponto fixo.

Prova. A propriedade de simetria de d e a desigualdade acima implicam que

$$F(d(Tf\,x, Tfy)) \leq \alpha[F(d(T\,x, T\,y))] + \frac{\beta + \gamma}{2}\,[F(d(T\,x, Tf\,x)) +$$
$$F(d(T\,y, Tfy))].$$

Substituindo $\alpha = a$ e $\frac{\beta + \gamma}{2} = b$ na desigualdade acima, obtemos o resultado requerido no Teorema 3.4.4.

Corolário 3.4.6. Sejam (X, d) seja um espaço métrico completo e $T, f : X \to X$ sejam transformações tais que T seja contínua, unívoca e subseqüentemente convergente. Se $a, b \in [0,1)$ $and\; x, y \in X, F(d(Tf\,x, Tfy)) \leq a[F(d(T\,x, T\,y))] + b[F(d(T\,x, Tfy)) + F(d(T\,y, Tf\,x))]$ em que, $F : [0, \infty) \to [0, \infty)$ é contínua não decrescente da direita e $F^{-1}(0) = \{0\}$. Então f tem um ponto fixo único em X.

Além disso, se T é sequencialmente convergente, então a cada $x_0 \in X$ a sequência de iterados $\{f^n x_0\}$ converge para o ponto fixo.

Prova. A prova deste corolário é semelhante à do Teorema 3.4.4.

Teorema 3.4.7. Sejam (X, d) seja um espaço métrico completo e $T, f : X \to X$ sejam transformações tais que T seja contínua, unívoca e subsequentemente convergente.

Se $a, b, c \in [0,1)\, and\; x, y \in X$,

$$F(d(Tfx, Tfy)) \leq a[F(d(T\,x, T\,y))] + b[F(d(T\,x, Tfy)) + F(d(T\,y, Tf\,x))]$$
$$+ c[F(d(T\,x, Tf\,x)) + F(d(T\,y, Tfy))]$$

$where, F : [0, \infty) \to [0, \infty)$ é contínua não decrescente da direita e $F^{-1}(0) = \{0\}$. Então f tem um ponto fixo único em X. Além disso, se T é sequencialmente convergente então a cada $x_0 \in X$ a sequência de iterados $\{f^n x_0\}$ converge para o ponto fixo.

Prova. A prova deste Teorema é semelhante à do Teorema 3.4.4

Teorema 3.4.8. Sejam (X, d) seja um espaço métrico completo e $T, f : X \to X$ sejam transformações tais que T é contínua, unívoca e subseqüentemente convergente. Para todos os $x, y \in X$,

$$F\left(d(Tf\,x, Tfy)\right) \leq a(x,y)[F\left(d(T\,x, T\,y)\right)] + b(x,y)[F\left(d(T\,x, Tfy)\right) + F\left(d(T\,y, Tf\,x)\right)] +$$
$$c(x,y)[F\left(d(T\,x, Tf\,x)\right) + F\left(d(T\,y, Tfy)\right)] \qquad \ldots (3.19)$$

onde $a(x,y), b(x,y), c(x,y) \geq 0$ *and*

$$\sup_{(x,y)\in X} [a(x,y) + 2b(x,y) + 2c(x,y)] \leq \lambda < 1. \qquad \ldots (3.20) \text{ F:}$$

$[0,\infty) \to [0,\infty)$ é contínua não decrescente da direita e $F^{-1}(0) = \{0\}$ Então, f tem um ponto fixo único em X. Além disso, se T é sequencialmente convergente, então para todo $x_0 \in X$ a sequência de iteradas $\{f^n x_0\}$ converge para o ponto fixo.

Prova. Sejam $x_0 \in X$ um ponto arbitrário e $x_n = fx_{n-1} = f^n x_0$

$$F\left(d(T\,x_n, T\,x_{n+1})\right) = F\left(d(Tf\,x_{n-1}, T\,fx_n)\right)$$
$$\leq a(x_{n-1}, x_n)[F\left(d(T\,x_{n-1}, T\,x_n)\right)] + b(x_{n-1}, x_n)[F\left(d(T\,x_{n-1}, Tf\,x_n)\right)$$
$$+ F\left(d(T\,x_n, Tf\,x_{n-1})\right)] + c(x_{n-1}, x_n)[F\left(d(T\,x_{n-1}, Tf\,x_{n-1})\right)$$
$$+ F\left(d(T\,x_n, Tf\,x_n)\right)]$$
$$= a(x_{n-1}, x_n)[F\left(d(T\,x_{n-1}, T\,x_n)\right)] + b(x_{n-1}, x_n)[F\left(d(T\,x_{n-1}, T\,x_{n+1})\right)$$

$$+ F\left(d(T\,x_n, T\,x_n)\right)] + c(x_{n-1}, x_n)[F\left(d(T\,x_{n-1}, T\,x_n)\right) + F\left(d(T\,x_n, T\,x_{n+1})\right)]$$

$$\leq (a + b + c)(x_{n-1}, x_n)[F\left(d(T\,x_{n-1}, T\,x_n)\right)]$$

$$+ (b + c)(x_{n-1}, x_n)[F\left(d(T\,x_n, T\,x_{n+1})\right)]$$

$$\leq \frac{a(x_{n-1}, x_n) + b(x_{n-1}, x_n) + c(x_{n-1}, x_n)}{1 - b(x_{n-1}, x_n) - c(x_{n-1}, x_n)} F(d(Tx_{n-1}, T\,x_n))$$

Utilizando (3.20), temos $\dfrac{a(x,y) + b(x,y) + c(x,y)}{1 - b(x,y) - c(x,y)} \leq \lambda$ para todo $x, y \in X$. Assim, de cima temos,

$$F\left(d(T\,x_n, T\,x_{n+1})\right) \leq \lambda F\left(d(T\,x_{n-1}, T\,x_n)\right) \qquad \ldots (3.21)$$

em que $\dfrac{a(x,y) + b(x,y) + c(x,y)}{1 - b(x,y) - c(x,y)} \leq \lambda \leq 1$ para todo x, y $\in$ X. Portanto, para todo o n.

$$F\left(d(T x_n, T x_{n+1})\right) \leq \lambda^n F\left(d(T x_0, T x_1)\right) \qquad \ldots (3.22)$$

Deixando $n \to \infty$ em (3.22), obtemos que

$$F\left(d(T x_n, T x_{n+1})\right) \to 0^+ \text{ as } n \to \infty. \qquad \ldots (3.23)$$

Novamente usando (4.16), para todos os $m, n \in N$, tomando $m > n$, temos

$$F\left(d(Tx_n, Tx_m)\right) = F\left(d(Tf^n x_0, Tf^m x_0)\right) \leq \lambda^n F\left(d(T x_0, Tf^{m-n} x_0)\right).$$

$$\ldots \quad (3.24)$$

Deixando $m, n \to \infty$ temos.

$$F\left(d(T x_n, T x_m)\right) \to 0^+ \text{ as } m, n \to \infty. \qquad \ldots (3.25)$$

Da Definição (3.4.2), é evidente que F é contínua não decrescente da direita e, portanto $d(Tx_n, Tx_m) \to 0+$ como $m, n \to \infty$. Assim, mantemos que $\{Tx_n\}$ é uma sequência de Cauchy no espaço métrico (X, d). Considerando a completude de X, obtemos que existe $v \in X$ tal que

$$\lim_{n \to \infty} T x_n = v. \qquad \ldots (3.26)$$

Note-se que T é subseqüentemente convergente, então $\{x_n\}$ tem uma subsequência convergente, pelo que existe $u \in X$ tal que

$$\lim_{k \to \infty} Tx_{n(k)} = u. \qquad \ldots (3.27)$$

Também, T é contínua e $x_{n(k)} \to u$, portanto,

$$\lim_{k \to \infty} Tx_{n(k)} = T u. \qquad \ldots (3.28)$$

Note-se que $\{Tx_{n(k)}\}$ é uma subsequência de $\{Tx_n\}$

Portanto, $Tu = v$

Agora vamos mostrar que $u \in X$ é um ponto fixo de f. De facto, temos

$$F(d(Tu, Tfu)) \leq F\left(d(Tu, Tx_{n(k)}) + d(Tx_{n(k)}, Tfu)\right)$$

$$= F\left(d(T u, Tx_{n(k)}) + d(cf^{n^{(k)}} x_0, Tf u)\right)$$

$$\leq F(d(Tu, Tx_{n(k)})) + a(x_0, u)[F(d(Tx_0, Tu))] +$$
$$b(x_0, u)[F(d(Tx_0, Tfu))] \quad + F(d(Tu, Tf^{n^{(k)}}x_0))] +$$
$$c(x_0, u)[F(d(Tx_0, f^{n^{(k)}}x_0)) + F(d(Tu, Tfu))]$$

$$= F\left(d(Tu,\ Tx_{n(k)})\right) + a(x_0, u)\left[F\left(d(Tx_0,\ Tx_{n(k)})\right)\right] +$$
$$b(x_0, u)\left[F\left(d(Tx_0, Tfu)\right) + F\left(d(Tu, Tx_{n(k)})\right)\right] +$$
$$c(x_0, u)[F(d(Tx_0, Tx_{n(k)})) + F(d(Tu, Tfu))]$$

$$= F\left(d(Tu,\ Tx_{n(k)})\right) + a(x_0, u)\left[F\left(d(Tx_0,\ Tx_{n(k)})\right)\right] +$$
$$+ b(x_0, u)[F(d(Tx_0, Tx_{n(k)})) + F(d\,Tx_{n(k)}, Tfu))] +$$
$$c(x_0, u)[F(d(Tx_0, Tx_{n(k)})) + F((Tx_{n(k)}, Tfu))].$$

$$\text{....} \qquad\qquad\qquad\qquad (3.29)$$

Deixando k $\rightarrow \infty$ em (3.29), temos

$$F(d(Tu, Tfu)) \leq 0. \qquad\qquad\qquad \text{.... (3.30)}$$

A desigualdade acima (3.30) é contraditória a menos que $d(Tu, Tfu) = 0$. Como resultado,

Obteve-se Tu = Tfu. Como T é unívoca, obtemos fu = u. Como resultado, podemos deduzir que u $\in$ X é um ponto fixo de f. Podemos agora demonstrar que o ponto fixo é único. Suponhamos que u' é outro ponto fixo de f, f u' = u'.

$$F(d(Tu, Tu')) = F(d(Tfu, Tfu'))$$

$$\leq a(u, u')[F(d(Tu, Tu'))] + b(u, u')[F(d(Tu, Tfu'))$$

$$+ F(d(Tu', Tfu))] + c(u, u')[F(d(Tu, Tfu)) + F(d(Tu', Tfu'))]$$

$$\leq (a + 2b)(u, u')[F(d(Tu, Tu'))]. \qquad\qquad \text{....}$$

(3.31)

A desigualdade (3.31) é uma contradição a menos que $F(d(Tu, Tu')) = 0$. Assim, obtemos $Tu = Tu'$ e considerando que T é unívoca, obtemos $u = u'$. Assim, obtemos que o ponto fixo é único. Além disso, se assumirmos que T é sequencialmente convergente, substituindo {n}por {n(k)} concluímos que

$$\lim_{n\to\infty} x_n = u \qquad\qquad \text{..... (3.32)}$$

Assim, a desigualdade (3.32) mostra que $\{x_n\}$ converge para o ponto fixo de f. a prova está concluída.

De seguida, apresentamos alguns exemplos para ilustrar os nossos resultados.

Exemplo 3.4.9. Sejam $E = R$, $P = \{x \in E: x \geq 0\}$, $X = [0, 1]$ e defina uma transformação $d: X \times X \to E$ por $d(x, y) = |x - y|$ para $x, y \in X$. Então (X, d) é um espaço métrico cónico completo. Defina uma transformação $q: X \times X \to E$ por $q(x, y) = y$ para todo $x, y \in X$.

Então q é a distância c em X.

Definir as transformações $f: X \to X$ por $f(x) = \frac{x^2}{16}$ e $g(x) = \frac{x}{16}$

$$\text{para todo } x \in X.$$

Tomemos $k(x) = \frac{2x+3}{16}$ e $l(x) = \frac{3x+2}{16}$ para todo $x \in X$.

Observamos que

(a) $k(fx) = k(\frac{x^2}{16}) = \left(\frac{2((\frac{x^2}{16})+3}{16}\right) = \frac{1}{16}\left(\frac{x^2}{8}+3\right) = \frac{1}{8}\left(\frac{x^2+24}{16}\right) \leq \frac{2x+3}{16} = k(x).$

Do mesmo modo, podemos obter

$\quad l(fx) \leq l(x), k(g\,x) \leq k(x)$ e $l(g\,x) \leq l(x)$

$$\text{para todo } x \in X.$$

(b) $(k + 2l)(x) = k(x) + 2l(x) = \left(\frac{2x+3}{16}\right) + 2\left(\frac{3x+2}{16}\right) = \frac{8x+7}{16} < 1$

$$\text{para todo } x \in X.$$

(c) $q(fx, g\,y) = g\,y = \frac{y}{16} \leq \left(\frac{(2x+3)y}{16}\right) = \left(\frac{(2x+3)}{16}y\right) = k(x)\,q(x, y)$

$$\leq k(x)\,q(x, y) + l(x)\,[q(fx, y) + q(x, g\,y)],$$

$$\text{para todo } x \in X.$$

Por conseguinte, as condições do Teorema 3.1.1 (com a versão métrica da distância c) são satisfeitas.

Assim, f e g têm um ponto fixo comum u = 0 e que

$$q (u, u) = q (0, 0) = \theta.$$

Este exemplo pode ser facilmente modificado para o caso da métrica TVS-Cone.

Definimos a métrica TVS-Cone em X por d $(x, y) (t) = |x - y|\emptyset (t)$ com fixo

$\emptyset \in P = \{f \in C [0, 1]: f(t) \geq 0$ para $t \in [0, 1]\}$

e tomar a distância c $q_1 (x, y) (t) = y.\emptyset (t)$.

3.5 Conclusão:

Neste capítulo, provamos alguns teoremas de ponto fixo usando as condições contrativas do tipo T_F num espaço métrico. Nossos teoremas estenderam alguns resultados recentes de Kir e Kiziltunc (Kir et al, 2014) e Moradi e Beiranvand (Moradi et al, 2010). Obtivemos o resultado que generaliza os principais resultados de (Dordevic et al.,2011) e (Fadail et al. ,2012)

CAPÍTULO - 4

CONCEITO DE DISTÂNCIA C EM ESPAÇOS MÉTRICOS CÓNICOS

4.1 Introdução

Huang e Zhang propuseram a ideia de espaços métricos cónicos em 2007, substituindo um espaço de Banach ordenado por um conjunto de números reais e estabelecendo teoremas de pontos fixos para condições de tipo contrativo em espaços métricos cónicos. O conjunto R de números reais foi substituído por um espaço de Banach ordenado E. Huang e Zhang, por outro lado, foram mais longe e estabeleceram a convergência através dos pontos interiores do cone, que é a forma como E define a ordem. Quando o cone não é necessariamente normal, este método pode ser utilizado para o analisar. Espaços métricos cónicos, espaços de Menger, espaços métricos generalizados, espaços métricos cónicos ou espaços K-métricos e K-normados, espaços métricos rectangulares e espaços métricos cónicos rectangulares, etc., são todos exemplos de generalizações de espaços métricos.

Apesar disso, continuaram a concentrar-se nos resultados obtidos apenas com cones normais.

Beiranvand utilizou um novo tipo de função contractiva para desenvolver o princípio de Banach do espaço métrico cónico (Beiranvand et al. ,2009). Vários autores trabalharam em pontos fixos e pontos fixos comuns em espaços métricos cónicos com c-distância e estabeleceram a ideia da c-distância num espaço métrico cónico (Cho et al.,2011; Wang e Guo et al.,2011).

4.2. Preliminares

Definição 4.2.1 (Huang e Zhang, 2007) Seja E um espaço real de Banach e θ denote o elemento zero em E. Um cone P é o subconjunto de E tal que

(i) P é fechada, não vazia e $P \neq \{\theta\}$;

"

(ii) $a, b \in R, a, b \geq 0; x, y \in P \Rightarrow ax + by \in P$;

(iii) $x \in P$ $and - x \in P \Rightarrow x = \theta$. Dado um Cone $P \subseteq E$ definimos uma ordenação parcial $\preceq$ em relação a P por x $\preceq$ y se e só se y - x $\in$ P. Escrevemos x $\prec$ y para indicar que x $\preceq$ y mas x $\neq$ y, enquanto x $\ll$ y representará y - x $\in$ int P, intP denota o interior de P.

Definicao 4.2.2. (Huang e Zhang, 2007) O cone P e chamado normal se existe um numero K > 0 tal que para todo x, y $\in$ E, $\theta \preceq$ x $\preceq$ y implica $\|x\| \leq K \| y\|$. O menor número positivo que satisfaz acima é chamado de constante normal de P. No que segue sempre supomos que E é um espaço de Banach, P é um cone em E com int P $\neq$ φ e $\preceq$ é uma ordenação parcial com respeito a P.

Definição 4.2.3. (Huang e Zhang, 2007) Seja X um conjunto não vazio. Suponha-se que a transformação $d : X \times X \rightarrow E$ satisfaz:

(i)   Se $\theta \preceq d(x, y)$ para todos $x, y \in X$ e $d(x, y) = \theta$ se e somente se $x = y$;

(ii) $d(x, y) = d(y, x)$ $for\ all\ x, y \in X$;

(iii) $d(x, y) \preceq d(x, z) + d(y, z)$ $for\ all\ x, y, z \in X$.

Então d é chamado uma métrica de cone em X e (X, d) é chamado um espaço métrico cónico.

Exemplo 4.2.4 (Huang e Zhang ,2007). Sejam $E = R^2, P\{(x, y) \in E : x, y \geq 0\} \subseteq R^2$, X = R e $d : X \times X \rightarrow E$ seja tal que $d(x, y) = (|x - y|, \alpha|x - y|)$, em que $\alpha \geq 0$ é uma constante. Então (X, d) é um espaço métrico cónico.

Definição 4.2.5. (Huang e Zhang, 2007) Seja (X, d) seja um espaço métrico cónico, seja $\{x_n\}$ seja uma sequência em X e $x \in X$.

(1) Para todos c $\in$ E com $\theta \ll$ c, se existir um número inteiro positivo N tal que $d(x_n, x) \ll$ c para todo n > N, então $\{x_n\}$ é dito convergente e $\{x_n\}$ converge para x.

(2) Para todos $c \in E$ com $\theta \ll c$, se existir um número inteiro positivo N tal que para todo $n, m > N, d(x_n , x_m) \ll c$, então $\{x_n\}$ é chamada uma sequência de Cauchy em X .

(3) Se todas as sequências de Cauchy em X forem convergentes em X, então (X, d) é chamada uma

espaço métrico de cone completo.

Lema 4.2.6 (Jungek et al., 2009)

(1) Se E for um espaço real de Banach com um cone P e $a \leq \lambda a$ em que $a \in P$ e $0 \leq \lambda < 1$ então $a = \theta$.

(2) Se $c \in intP, \theta \leq a_n$ e $a_n \to \theta$, então existe um número inteiro positivo N tal que $a_n \ll c for$ todos $n \geq N$.

Em seguida, damos a noção de distância c- num espaço métrico cónico (X, d) de (Cho et al. ,2011)

Definição 4.2.7 (Huang e Zhang, 2007) Seja (X, d) seja um espaço métrico cónico. Uma função q : $X \times X \to E$ é designada por distância c em X se as seguintes condições se verificarem:

(q)$_1 \theta \leq$ q(x, y)for all x, y $\in$ X;

(q)$_2$q(x, z) $\leq$ q(x, y) + q(y, z) for all x, y, z $\in$ X;

(q$_3$) para cada x $\in$ X e n ≥ 1 se q(x, y$_n$) $\leq$ u para algum u=u$_x$ $\in$ P, então

   q(x, y) $\leq$ u sempre que $\{y_n\}$ é uma sequência em X que converge para um ponto y $\in$ X ;

(q$_4$) para todos c $\in$ E com $\theta \ll$ c, existe e $\in$ E com $\theta \ll$ e tal que q(z, x) $\ll$ e

   e q (z, y) $\ll$e implicam d (x, y) $\ll$ c.

Exemplo 4.2.8. Sejam $E = R$ e P = $\{x \in$ E: x $\geq 0\}$, X = $[0, \infty)$ e defina uma transformação $d: X \times X \to E$ é definida por $d(x, y) = |x - y|$ para todo $x, y \in X$.Então (X, d) seja um espaço métrico cónico. Defina um mapeamento $q : X \times X \to E$ por $q(x, y) = y$ para todo $x, y \in X$. Então q é uma $c -$Distância em X.

Lema 4.2.9. (Huang e Zhang, 2007) Sejam (X, d) seja um espaço métrico cónico e q seja uma c —Distância em X. Sejam $\{x_n\}$ e $\{y_n\}$ sejam sequências em X e x, y, z $\in$ X. Suponha que $\{u_n\}$ é uma sequência em P que converge para θ. Então, temos o seguinte:

(1) Se $q(x_n, y) \leq u_n$ e $q(x_n, z) \leq u_n$ então $y = z$.

(2) Se $q(x_n, y_n) \leq u_n$ e $q(x_n, z) \leq u_n$, então $\{y_n\}$ converge para z.

(3) Se $q(x_n, x_m) \leq u_n$ para $m > n$, então $\{x_n\}$ é uma sequência de Cauchy em X.

(4) Se $q(y, x_n) \leq u_n$, então $\{x_n\}$ é uma sequência de Cauchy em X.

Observação 4.2.10 (Huang e Zhang, 2007) (1) $q(x, y) = q(y, x)$ não necessariamente para todos os x, y $\in$ X.

(2) Se $q(x, y) = \theta$ não é necessariamente equivalente a $x = y$ para todos os $x, y \in X$.

Definição 4.2.11. (Beiranvand et al.,2009) Sejam (X, d) seja um espaço métrico de cones, P um cone sólido e $T : X \rightarrow X$. Então

(a) Diz-se que T é contínua se $\lim x_n = x^*$ implica que $Tx_n = Tx^*$ para todos os $\{x_n\}$ em X;

(b) Diz-se que T é sequencialmente convergente se tivermos, para cada sequência $\{x_n\}$, se

$\{Tx_n\}$ é convergente, então $\{x_n\}$ também é convergente.

4.3 Resultado principal para a contração T com a distância c

Teorema 4.3.1. Sejam (X, d) seja um espaço métrico cónico completo e P um cone sólido sobre X e q seja uma distância c em X. Assumimos também que $T : X \rightarrow X$ é uma transformação contínua e $1 - 1$ e que $f : X \rightarrow X$ seja uma transformação que satisfaça a condição de contractividade, $q(Tfx, Tfy) \preccurlyeq k(x, y)q(Tx, Ty) +$

$$l(x,y)q(Tx,Tfx) + r(x,y)q(Ty,Tfy) + t(x,y)[q(Tx,Tf\,y) +$$
$$q(Ty,T\,fx)] \qquad\qquad \dots\dots (4.1)$$

em que k, l, r e t são funções não negativas que satisfazem para todo $x, y \in X$,

$$sup_{x,y \in X}\ \{k(x,y) + l(x,y) + r(x,y) + 2t(x,y)\} \le \lambda < 1 \qquad \dots\dots (4.2)$$

that is, f is a T − contraction. *Then*

(1) Para cada $x_0 \in X$, $\{Tf^n x_0\}$é uma sequência de Cauchy. (iterar a sequência$\{x_n\}$
por

$$x_{n+1} = f^{n+1}\, x_0.$$

(2) Existe um $Z_{x_0} \in X$ tal que $\lim\limits_{n \to \infty} Tf^n x_0 = Z_{x_0}$.

(3) Se T é subsequentemente convergente, então $\{f^n x_0\}$ tem uma subsequência convergente.

(4) Existe um único $\omega_{x_0} \in X$ tal que $f\omega_{x_0} = \omega_{x_0}$ou seja, f tem um ponto fixo único.
(5) Se T é sequencialmente convergente, então, para cada $x_0 \in X$, a sequência $\{f^n x_0\}$ converge para ω_{x_0}.

Prova: Choose $x_0 \in X$,

$$set\ x_1 = fx_0,\ \ x_2 = fx_1 = f^2 x_0 = \cdot = x_{n+1} = fx_n = f^{n+1}x_0.$$

Then, we have

$$q(Tx_n, Tx_{n+1}) \quad = q(Tfx_{n-1}, Tfx_n)$$
$$\le k(x_{n-1}x_n)q(Tx_{n-1}, Tx_n) + l(x_{n-1},x_n)q(Tx_{n-1}, Tfx_{n-1})$$
$$+ r(x_{n-1},x_n)q(Tx_n, Tfx_n) + t(x_{n-1},x_n)[q(Tx_{n-1}, Tfx_n)$$
$$+ q(Tx_n, Tfx_{n-1})]$$

$$= k(x_{n-1}, x_n)q(Tx_{n-1}, Tx_n) + l(x_{n-1}, x_n)q(Tx_{n-1}, Tx_n)$$
$$+ r(x_{n-1}, x_n)q(Tx_n, Tx_n + 1) + t(x_{n-1}, x_n)[q(Tx_{n-1}, Tx_{n+1})$$
$$+ q(Tx_n, Tx_n)]$$

$$\leq (k + l + t)(x_{n-1}, x_n)q(Tx_{n-1}, Tx_n) + (r + t)(x_{n-1}, x_n)q(Tx_n, Tx_{n+1}).$$

Consequentemente

$$q(Tx_n, Tx_{n+1}) \leq \frac{k(x_{n-1}, x_n) + l(x_{n-1}, x_n) + t(x_{n-1}, x_n)}{1 - r(x_{n-1}, x_n) - t(x_{n-1}, x_n)} \; q(Tx_{n-1}, Tx_n)$$

$$\dots\dots (4.3)$$

$$Using \; (4.2), we \; have \; \frac{k(x, y) + l(x, y) + t(x, y)}{1 - r(x, y) - t(x, y)} \leq \lambda$$

for all $x, y \in X$. Thus, from (4.3), it follows that

$$q(Tfx_{n-1}, Tfx_n) = q(Tx_n, Tx_{n+1}) \leq \lambda q(Tx_{n-1} - 1, Tx_n).$$

Seguindo argumentos semelhantes aos apresentados anteriormente, obtemos

$$q(Tfx_n, Tfx_{n+1}) = q(Tx_{n+1}, Tx_{n+2}) \leq \lambda q(Tx_n, Tx_{n+1}), \text{Onde}$$

$\dfrac{k(x,y) + r(x,y) + t(x,y)}{1 - l(x,y) - t(x,y)} \leq \lambda$ para todo x, y $\in$ X. Portanto, para todo n,

$$q(Tx_n, Tx_{n+1}) \leq \lambda \, q(Tx_{n-1}, Tx_n)$$

$$\leq \lambda^2 q(Tx_{n-2}, Tx_{n-1})$$

$$\cdot$$
$$\cdot$$

$$\leq \lambda^n q(Tx_0, Tx_1) \qquad\qquad \dots\dots (4.4)$$

Seja m > n $\geq$ 1. Então segue-se que

$$q(Tx_n, Tx_m) \leq q(Tx_n, Tx_n + 1) + q(Tx_n + 1, Tx_n + 2) + \cdots + q(Tx_m - 1, Tx_m)$$

$$\leq \; (\lambda^n + \lambda^{n+1} + \cdots + \lambda^{m-1})\, q(Tx_0, Tx_1)$$

$$\leq \; \frac{\lambda^n}{1-\lambda}\; q(Tx_0, Tx_1) \to \theta \text{ como } n \to \infty.$$

Assim, o Lema 4.2.9. (4.3) mostra que $\{Tx_n\}$ é uma sequência de Cauchy em X. Como

X é completo, existe $Z_x \in X$ tal que $Tx_n \to Z_x$ como $n \to \infty$.assim

$$\lim_{n\to\infty} Tfx_n = Z_x \qquad\qquad \text{........ (4.5)}$$

Uma vez que T é subseqüentemente convergente, $\{fx_n\}$ tem uma subsequência

convergente. Assim, existem $\omega x_0 \in X$ tal que

$$\lim_{n\to\infty} f_{x_{n_i}} = \omega_{x_0} \text{ .... (4.6)}$$

Como T é contínua, obtemos

$$\lim_{n\to\infty} f_{x_{n_i}} = = T\omega_{x_0} \text{ .... (4.7)}$$

De (4.5) e (4.7) e usando a injectividade de T, existe um $\omega_{x_0} \in X$ tal que

$$T\omega_{x_0} = Z_x.$$

Então, por (q_3), temos

$$q\big(Tfx_n, T\omega_{x_0}\big) \leq \frac{\mu^n}{1-\mu}\, q(Tx_0, Tx_1). \qquad\qquad \text{....}$$

(4.8)

Por outro lado, utilizando (4.1), temos

$$
\begin{aligned}
q(T\omega_{x_0}, Tf\omega_{x_0}) \;&\leq\; q(T\omega_{x_0}, Tfx_n) + q(Tfx_n, Tf\omega_{x_0}) \\
&=\; q(T\omega_{x0}, Tx_{n+1}) + q(Tfx_n, Tf\omega_{x0}) \\
&\leq\; q(T\omega_{x_0}, Tx_{n+1}) + k(x_n, \omega_{x_0})q(Tx_n, T\omega_{x_0}) + l(x_n, \omega_{x_0})q(Tx_n, Tfx_n)
\end{aligned}
$$

$$+r(x_n, \omega_{x_0})q(T\omega_{x_0}, Tf\omega_{x_0}) + t(x_n, \omega_{x_0})[q(Tx_n, Tf\omega_{x_0}) + q(T\omega_{x_0}, Tfx_n)]$$

$$= q(T\omega_{x_0}, Tx_{n+1}) + k(x_n, \omega_{x_0})q(Tx_n, T\omega_{x_0}) + l(x_n, \omega_{x_0})q(Tx_n, Tx_{n+1})$$

$$+r(x_n, \omega_{x_0})q(T\omega_{x_0}, Tf\omega_{x_0}) + t(x_n, \omega_{x_0})[q(Tx_n, Tf\omega_{x_0}) + q(T\omega_{x_0}, Tx_{n+1})]$$

$$\leq q(T\omega_{x_0}, Tx_{n+1}) + k(x_n, \omega_{x_0})q(Tx_n, T\omega_{x_0}) + l(x_n, \omega_{x_0})q(Tx_n, Tx_{n+1})$$

$$+r(x_n, \omega_{x_0})q(T\omega_{x_0}, Tf\omega_{x_0}) + t(x_n, \omega_{x_0})[q(Tx_n, T\omega_{x_0}) + q(T\omega_{x_0}, Tf\omega_{x_0})$$

$$+q(T\omega_{x_0}, Tx_{n+1})]$$

$$= q(T\omega_{x_0}, Tx_{n+1}) + (k+t)(x_n, \omega_{x_0})q(Tx_n, T\omega_{x_0}) +$$

$$l(x_n, \omega_{x_0})q(Tx_n, Tx_{n+1}) + (r+t)(x_n, \omega_{x_0})q(T\omega_{x_0}, Tf\omega_{x_0})$$

$$+t(x_n, \omega_{x_0})q(T\omega_{x_0}, Tx_{n+1})]$$

$$\leq \frac{1}{1-\lambda} q(T\omega_{x_0}, Tx_{n+1}) + \frac{\lambda}{1-\lambda} q(Tx_n, T\omega_{x_0}) + \frac{\lambda}{1-\lambda} q(Tx_n, Tx_{n+1}) +$$

$$\frac{\lambda}{1-\lambda} q(T\omega_{x_0}, Tx_{n+1})$$

$$= A_1 q(T\omega_{x_0}, Tx_{n+1}) + A_2 q(Tx_n, T\omega_{x_0}) + A_3 \lambda^{n+1} +$$
$$A_4 q(T\omega_{x_0}, Tx_{n+1})$$

$$\text{where } A_1 = \frac{1}{1-\lambda}, A_2 = \frac{\lambda}{1-\lambda}, A_3 = \frac{1}{1-\lambda} q(Tx_0, Tx_1) \text{ and } A_4 = \frac{\lambda}{1-\lambda}$$

Seja $\theta \ll c$. Uma vez que $\lambda n+1 \to \theta$ e $T_{x_{n_i}} \to T\omega x_0$ como $i \to \infty$ existe um número natural n_0 tal que para cada $i \geq n_0$, temos

$$q(T\omega x_0, Tx_{n+1}) \ll \frac{c}{4A_1}, q(Tx_n, T\omega x_0) \ll \frac{c}{4A_2}, \lambda^{n_i} \ll \frac{c}{4A_3}, q(T\omega x_0, Tx_{n+1}) \ll \frac{c}{4A_4}$$

Por (q4), obtemos

$$q(T\omega_{x_0}, Tf\omega_{x_0}) \ll = \frac{c}{4} + \frac{c}{4} + \frac{c}{4} = \frac{c}{4}$$

Assim $q(T\omega_{x_0}, Tf\omega_{x_0}) \ll c$ para cada $c \in \text{int}P$. Usando o Lema 4.2.6(2), obtemos $q(T\omega_{x_0}, Tf\omega_{x_0}) = \theta$; ou seja, $T\omega x_0 = Tf\omega x_0$. Como T é um para um, $f\omega x_0 = \omega x_0$.

Finalmente, suponhamos que existe outro ponto fixo ωx_1 de f, então temos

$$q(T\omega_{x_0}, Tf\omega_{x_1}) = q(Tf\omega_{x_0}, Tf\omega)_{x_1}$$

$$\leq k(\omega_{x_0}, \omega_{x_1})\, q(T\omega_{x_0}, T\omega_{x_1}) + l(\omega_{x_0}, \omega_{x_1})\, q(T\omega_{x_0}, Tf\omega_{x_0}) + r(\omega_{x_0}, \omega_{x_1})$$

$$q(T\omega_{x_1}, Tf\omega_{x_1}) + t(\omega_{x_0}, \omega_{x_1})[\, q(T\omega_{x_0}, Tf\omega_{x_1}) + q(T\omega_{x_1}, Tf\omega)_{x_0}$$

$$= (k+2t)(\omega_{x_0}, \omega_{x_1})\, q(T\omega_{x_0}, T\omega)_{x_1}$$

$$\leq \lambda\, d(T\omega_{x_0}, T\omega)_{x_1}$$

Usando o Lema 4.2.6(1), segue-se que $q(T\omega_{x_0}, Tf\omega_{x_1}) = \theta$, o que implica que $T\omega_{x_0} = T\omega_{x_1}$ Uma vez que T é um para um $\omega = \omega_{x_0 x_1}$.

Assim, f tem um ponto fixo único. Agora, se T é sequencialmente convergente, então podemos substituir n_i por n. Assim, temos $\lim\limits_{n \to \infty} Tfx_n = \omega x_0$. Portanto, pela definição 4.2.11 (b), a sequência $\{fx_n\}$ converge para ωx_0.

4.4 Conclusão: Neste capítulo, provamos a existência e unicidade do ponto fixo para o mapeamento de contração T sob o conceito de c-Distância em espaços métricos cônicos com cone sólido. Os resultados obtidos generalizam os trabalhos recentes de Fadail et al.,2017; Dubey et al.,2017Rahmi et al., 2013 e Flipovic et al.,2011.

CAPÍTULO - 5

TEOREMAS DO PONTO FIXO COMUM EM C-ESPAÇOS MÉTRICOS COMPLETOS DE VALOR COMPLEXO

5.1. Introdução

O conceito de espaço métrico de valor complexo, que é mais geral do que os espaços métricos convencionais, foi desenvolvido por Azam et al.,2011. Desde então, vários autores têm estudado e provado teoremas de ponto fixo em espaços métricos de valor complexo para uma variedade de condições de contracções. Em 2017, Sintunavarat introduziu o conceito de sequência de C-Cauchy e espaços métricos de valor complexo C-completos, e provou a existência de teoremas fixos comuns em espaços métricos de valor complexo C-completos, (Sintunavarat et al.,2017). Além disso, os autores em (Dubey et al. 2018 e Kumar et al., 2017) continuam a sua investigação sobre pontos fixos comuns em espaços métricos C-completos de valor complexo.

O objetivo deste manuscrito é estabelecer os teoremas de ponto fixo comum para dois pares de mapeamentos fracamente compatíveis que satisfazem a desigualdade racional no âmbito de espaços métricos de valor complexo C-completos. Os nossos resultados generalizam os resultados de Kumar et al. ,2017 e Sintunavarat et al., 2017. Antes de apresentar os nossos teoremas, discutimos alguns conceitos do espaço métrico de valor complexo devido a (Azam et al. ,2011) e damos algumas definições, exemplos, aplicações em tais espaços foram introduzidos por Sintunavarat (Sintunavarat et al. ,2017).

Seja C seja o conjunto dos números complexos. Para z_1, $z_2 \in C$ vamos definir uma ordem parcial $\precsim$ em C da seguinte forma:

$z_1 \precsim z_2$ se e somente se Re $(z_1,) \leq$ Re (z_2) e Im $(z_1) \leq$ Im (z_2).

Observamos que $z_1 \precsim z_2$ se uma das seguintes condições se verificar:

(C1) Re (z_1) = Re (z_2) e Im (z_1) = Im (z_2);

(C2) Re (z_1) < Re (z_2) e Im (z_1) = Im (z_2);

(C3) Re (z_1) = Re (z_2) e Im (z_1) < Im (z_2);

(C4) Re (z_1) < Re (z_2) e Im (z_1) < Im (z_2).

Em particular, escreveremos $z_1 \lesssim z_2$ se $z_1 \neq z_2$ e um de (C2), (C3) e (C4) é satisfeito e escrevemos $z_1 \prec z_2$ se e somente se (C4) for satisfeita.

Observação 5.1.1. Observamos que as seguintes afirmações são válidas:

(i) $a, b \in R$ and $a \leq b \to az \lesssim bz$ for all $z \in C$.

(ii) $0 \lesssim z_1 \lnsim z_2 \to |z_1| < |z_2|$.

(iii) $z_1 \lesssim z_2$ e $z_2 \prec z_3 \to z_1 \prec z_3$.

5.2. Preliminares

As seguintes definições e resultados serão necessários na sequência.

Definição 5.2.1 (Azam et al., 2011). Seja X seja um conjunto não vazio. Suponha-se que o mapeamento $d : X \times X \to C$ satisfaz as seguintes condições;

(i) $0 \leq d(x, y)$ for all $x, y \in X$ and $d(x, y) = 0$ if and only if $x = y$;

(ii) $d(x, y) = d(y, x)$ for all $x, y \in X$;

(iii) $d(x, y) \leq d(x, z) + d(z, y)$ for all $x, y, z \in X$.

Então d é chamada uma métrica de valor complexo sobre X e (X, d) é chamado um espaço métrico de valor complexo.

Definição 5.2.2 (Azam et al., 2011). Seja (X, d) seja um espaço métrico de valor complexo.

(i)   Um ponto $x \in X$ é chamado de ponto interior de um conjunto $A \subseteq X$ sempre que existe $0 \prec r \in C$ tal que $B(x, r) = \{y \in X : d(x, y) \prec r\} \subseteq A$.

(ii)   Um ponto $x \in X$ é chamado um ponto limite de A sempre que, para todo $0 \prec r \in C, B(x,r) \cap (A - X) \neq \varphi$.

(iii)   Um conjunto $A \subseteq X$ é chamado de conjunto aberto sempre que cada elemento de A é um ponto interior de A

(iv)   Um conjunto $A \subseteq X$ é chamado de conjunto fechado sempre que cada ponto limite de A pertence a A.

(v)   Uma sub-base para uma topologia de Hausdorff τ sobre X é a família

$$F = \{B(x,r) : x \in X \ and \ 0 \prec r\}.$$

Definição 5.2.3. (Azam et al., 2011). Seja (X, d) seja um espaço métrico de valor complexo, $\{x_n\}$ seja uma sequência em X e seja $x \in X$.

(i)   Se para qualquer $c \in C$ com $0 \prec c$, existe $N \in \mathcal{N}$ tal que para todo $n > N, d(x_n, x) \prec c$, então $\{x_n\}$ é dito ser convergente para um ponto $x \in X$ ou $\{x_n\}$ converge para um ponto $x \in X$ e x é o ponto limite de $\{x_n\}$. Designamos este ponto por $lim_{n \to \infty} x_n = x$ ou $x_n \to x \ as \ n \to \infty$.

(ii)   Se para qualquer $c \in C \ with \ 0 \prec c$, existe $N \in \mathcal{N}$ tal que para todo $n > N, d(x_n, x_{n+m}) \prec c$,, em que $m \in \mathcal{N}$, então $\{x_n\}$ é chamada uma sequência de Cauchy em X .

(iii)   Se para cada sequência de Cauchy em X é convergente, então (X, d) diz-se que é um espaço métrico completo de valor complexo.

Definição 5.2.4. (Sintunavarat et al. ,2017). Sejam (X, d) seja um espaço métrico de valor complexo e $\{x_n\}$ seja uma sequência em X .

(i)   Se, para qualquer $c \in C$ com $0 \prec c$, existe $N \in \mathcal{N}$ tal que, para todo $m, n > N, d(x_n, x_m) \prec c$, então $\{x_n\}$ é chamado uma $C - Cauchy$ sequência em X .

(ii)   Se cada $C - Cauchy$ sequência em X é convergente, então (X, d) diz-se que é um $C - complete$ espaço métrico de valor complexo.

Definição 5.2.5. Sejam S e T sejam auto-formações de um conjunto não vazio X

(i)   Um ponto $x \in X$ é chamado um ponto fixo de T if $Tx = x$.

(ii)   Um ponto $x \in X$ é chamado um ponto de coincidência de S e T se $Sx = Tx$ e o ponto $u \in X$ tal que $u = Sx = Tx$ é chamado um ponto de coincidência de S e T. Um ponto $x \in X$ é chamado um ponto fixo comum de S e T se $x = Sx = Tx$.

Definição 5.2.6. (Bhatt et al.,2011) Seja X um espaço métrico de valor complexo. Então um par de auto-mapeamentos $S, T : X \to X$ diz-se que é fracamente compatível se comutar nos seus pontos de coincidência.

Os seguintes lemas de (Azam et al., 2011). serão utilizados na sequência.

Lema 5.2.7. (Azam et al.,2011) Sejam (X, d) seja um espaço métrico de valor complexo, $\{x_n\}$ seja uma sequência em X. Então $\{x_n\}$ converge para um ponto $x \in X$ se e só se if $|d(x_n, x)| \to 0$ como $n \to \infty$.

5.3. Principais resultados dos teoremas do ponto fixo comum

Ao longo deste documento, utilizamos a seguinte notação,

$$C_+ := \{x \in C : x \geq 0\}$$

and $\Gamma := \{\gamma : C+ \to [0,1) : \{x_n\} \subseteq C_+ \ with \ \gamma(x_n) \to 1 \Rightarrow |x_n| \to 0\}$.

Esta classe foi introduzida pela primeira vez por (Sintunavarat et al., 2013), que é uma extensão da classe dos mapeamentos de valor real de Geraghty.

Teorema 5.3.1 Sejam (X, d) seja um espaço métrico complexo de valor C-completo e as transformações $f, g, S, T : X \to X$ sejam quatro auto-transformações. Se existirem três translações $\lambda_1, \lambda_2, \lambda_3 : C_+ \to [0, 1)$ satisfaz as seguintes condições:

(i) λ_1 (x)+λ_2 (x)+λ_3 (x) < 1 para todos $x \in C_+$ e o mapeamento γ: C$_+$ $\to$[0,1), que é

definido por $\square$(x) := $\dfrac{\lambda_1(x)}{1 - [\lambda_2(x)+\lambda_3(x)]}$ pertence a Γ.

(ii) para cada $x, y \in X$,

temos $d(Sx, Ty) \preccurlyeq \lambda_1(d(fx, g\,y)) \dfrac{d(fx,Sx)d(fx,Ty)+d(gy,Ty)d(gy,Sx)}{d(fx,Ty)+d(gy,Sx)} +$

$$\lambda_2(d(fx, gy))d(gy, Ty) + \lambda_3(d(fx, gy))d(fx, gy).$$

Se $S(X) \subseteq g(X)$ and $T(X) \subseteq f(X)$ e os pares (f, S) and (g, T) são fracamente compatíveis, então f, g, S and T têm um único ponto fixo comum em X.

Prova. Seja x_0 seja um ponto arbitrário em X. Sendo $T(X) \subseteq f(X)$ e $S(X) \subseteq g(X)$, construímos as duas sequências $\{x_n\}$ e $\{y_n\}$ em X tais que $Sx_{2n-2} = gx_{2n-1} = y_{2n-1}$ and $T\,x_{2n-1} = fx_{2n} = y_{2n}$, for all $n \geq 0$.   .... (5.1)

Para n $\geq$ 0, obtemos

$$d(y_{2n+1}, y_{2n+2}) = d(Sx_{2n}, Tx_{2n+1})$$

$$\preccurlyeq \lambda_1\big(d(f\,x_{2n}, gx_{2n+1})\big) \left[\frac{d(fx_{2n},Sx_{2n})d(fx_{2n},T\,x_{2n+1}) + d(gx_{2n+1},Tx_{2n+1})d(gx_{2n+1},Sx_{2n+1})}{d(fx_{2n},Tx_{2n+1}) + d(gx_{2n+1}+1,Sx_{2n})} \right]$$

$$+\lambda_2\big(d(fx_{2n}, x_{2n+1})\big)d(x_{2n+1}, Tx_{2n+1})+\lambda_3\big(d(fx_{2n}, gx_{2n+1})\big)d(fx_{2n}, gx_{2n+1})$$

$$= \lambda_1(d(y_{2n}, y_{2n+1}))\frac{d((y_{2n}, y_{2n+1})d(y_{2n}, y_{2n+2}) + d(y_{2n+1}, y_{2n+2})d(y_{2n+1},\ y_{2n+1})}{d(y_{2n}, y_{2n+2}) + d(y_{2n+1},\ y_{2n+1})}$$

$$+\ \lambda_2(d(y_{2n}, y_{2n+1})d(y_{2n+1},\ y_{2n+2}) + \lambda_3(d(y_{2n}, y_{2n+1})), d(y_{2n}, y_{2n+1}),$$

$$(1 - \lambda_2(d(y_{2n}, y_{2n+1})))\, d(y_{2n+1},\ y_{2n+2}) \leqslant ((\lambda_1 +\ \lambda_3)d(y_{2n}, y_{2n+1}))d(y_{2n}, y_{2n+1})$$

implies

$$|d(y_{2n+1},\ y_{2n+2})|$$

$$\leq \frac{\lambda 1(d(y_{2n}, y_{2n+1}))}{1 - \lambda_2(d(y_{2n}, y_{2n+1}))}\ |d(y_{2n}, y_{2n+1})|$$

$$+\ \frac{\lambda_3(d((y_{2n}, y_{2n+1}))}{1 - \lambda_2(d(y_{2n}, y_{2n+1}))}\ |d(y_{2n}, y_{2n+1})|$$

for all n $\in$ N. Applying condition (i) of Theorem 5.3.1, we get

$$|d(y_{2n+1},\ y_{2n+2})| \leq \gamma(d((y_{2n},\ y_{2n+1})))|dy_{2n},\ y_{2n+1}|$$

for all n $\in$ N. Similarly, we obtain that

$$|d(y_{2n},\ y_{2n+1})| \leq \gamma(d(y_{2n-1},\ y_{2n}))|d(y_{2n-1},\ y_{2n})|.$$

for all n $\in$ N. Consequently,

$$|d(y_n,\ y_{n+1})| \leq \gamma(d(y_{n-1},\ y_n))|d(y_{n-1},\ y_n)|$$

$$\leq |d(y_{n-1},\ y_n)|, for\ all \in N\backslash\{1\}. \qquad\qquad ......\ (5.2)$$

Assim, a sequência $\{|d(y_n, y_{n+1})|\}n \in N\backslash\{1\}$ é monótona não crescente e limitada por baixo. Logo, $|d(y_n, y_{n+1})| \to l$ para algum $l \geq 0$. Agora, afirmamos que $l = 0$. Pelo contrário, suponha que $l > 0$. Então, tomando o limite como $n \to \infty$ em (5.2), temos

$$l \leq \lim_{n\to\infty} \gamma(d(y_{n-1}, y_n)) \leq 1 \Rightarrow \lim_{n\to\infty} \gamma(d(y_{n-1}, y_n)) = 1.$$

Mas $\gamma \in \Gamma$, então podemos escrever $|d(y_{n-1}, y_n)| \to 0$, o que é contraditório com o facto de

$l > 0.\, Thus\ l = 0\ and$ portanto

$$\lim_{n\to\infty} \left|d(y_{n-1}, y_n)\right| = 0. \,\ldots\ldots\, (5.3)$$

De seguida, para mostrar que $\{y_n\}$ é $C -$é uma sequência de Cauchy, basta mostrar que $\{y_{2n}\}$ é uma sequência de C-Cauchy. Pelo contrário, suponhamos que $\{y_{2n}\}$ não é uma sequência de C-Cauchy. Então existem $c \in C\ with\ 0 < c$ para os quais, para todo $k \in$ N, existe $2m_k > 2n_k \geq k$ tal que

$$d(y_{2n_k}, y_{2m_k}) \geqslant c . \qquad\qquad \ldots\ldots (5.4)$$

Agora, correspondendo a n_k, podemos escolher m_k de modo a que seja o menor número inteiro com $2m_k > 2n_k \geq k\ satisfying\ (5.4).\,Then$

$$d(y_{2n_k}, y_{2m_k - 2}) < c. \qquad\qquad \ldots\ldots (5.5)$$

Da equação (5.4), (5.5) e da desigualdade triangular, temos

$$c \leqslant d\ (y_{2n_k}, y_{2m_k})$$
$$\leqslant d(y_{2n_k}, y_{2m_k - 2}) + d(y_{2m_k - 2}, y_{2m_k - 1}) + d(y_{2m_k - 1}, y_{2m_k})$$
$$\leqslant c + d\,(y_{2m_k - 2}, y_{2m_k - 1}) + d\,(y_{2m_k - 1}, y_{2m_k})$$

o que implica que,

$$|c| \leq |d(y_{2n_k}, y_{2m_k})| \leq |c| + |d(y_{2m_k - 2}, y_{2m_k - 1})| + |d(y_{2m_k - 1}, y_{2m_k})|.$$

Tomando o limite como $k \to \infty$ e usando (5.3), temos

$$|c| \leq \lim_{k\to\infty}\ |d(y_{2n_k}, y_{2m_k})| \leq |c|$$

$$\Rightarrow \lim_{k\to\infty} |d(y_{2n_k}, y_{2m_k})| = |c| \qquad\qquad \ldots\ldots(5.6)$$

Agora, usando a desigualdade triangular, temos

$$|d(y_{2n_k}, y_{2m_k})| \leq |d\left(y_{2n_k}, y_{2m_{k+1}}\right)| + |d(y_{2m_{k+1}}, y_{2m_k})|$$

$$\leq \left|d\left(y_{2n_k}, y_{2m_k}\right)\right| + \left|d\left(y_{2m_k}, y_{2m_{k+1}}\right)\right| + \left|d\left(y_{2m_{k+1}}, y_{2m_k}\right)\right|.$$

Tomando o limite como $k \to \infty$ e usando (5.3), e (5.6) , obtemos

$$\lim_{k\to\infty} |d(y_{2n_k}, y_{2m_{k+1}})| = |c| \qquad\qquad \ldots\ldots\ldots(5.7)$$

Em seguida, temos

$$d\left(y_{2n_k}, y_{2m_{k+1}}\right) \leqslant d(y_{2n_k}, y_{2n_{k+1}}) + d(y_{2n_{k+1}}, y_{2m_{k+2}}) + d(y_{2m_{k+2}}, y_{2m_{k+1}})$$

$$= d(y_{2n_k}, y_{2n_{k+1}}) + d(Sx_{2n_k}, Tx_{2m_{k+1}}) + d(y_{2m_{k+2}}, y_{2m_{k+1}})$$

Utilizando a condição (ii) do Teorema 5.3.1 com $x = x_{2n_k}$ e $y = x_{2m_{k+1}}$ podemos escrever

$$d\left(y_{2n_k}, y_{2m_{k+1}}\right) \leqslant d(y_{2n_k}, y_{2n_{k+1}})$$

$$+\lambda_1\left(d(f\, x_{2n_k}, gx_{2m_{k+1}})\right)\left[\frac{d\left(fx_{2n_k}, Sx_{2n_k}\right)d\left(fx_{2n_k}, Tx_{2m_{k+1}}\right) + d\left(gx_{2m_{k+1}}, Tx_{2m_{k+1}}\right)d\left(gx_{2m_{k+1}}, Sx_{2n}\right)}{d\left(fx_{2n_k}, Tx_{2m_{k+1}}\right) + d\left(gx_{2m_{k+1}}, Sx_{2n_k}\right)}\right]$$

$$+\lambda_2\left(d\left(fx_{2n_k}, gx_{2m_{k+1}}\right)\right)d\left(gx_{2m_{k+1}}, Tx_{2m_{k+1}}\right)$$

$$+\lambda_3\left(d\left(fx_{2n_k}, gx_{2m_{k+1}}\right)\right)d\left(fx_{2n_k}, gx_{2m_{k+1}}\right) + d(y_{2m_{k+2}}, y_{2m_{k+1}})$$

Utilizando (i), obtemos

$$|d(y_{2n_k}, y_{2m_k+1})| \leq |d(y_{2n_k}, y_{2n_k+1})|$$

$$+\lambda_1\left(d\left(y_{2n_k}, y_{2m_{k+1}}\right)\right)\left|\frac{\left(d\left(y_{2n_k}, y_{2n_{k+1}}\right)\right)d\left(y_{2n_k}, y_{2m_{k+2}}\right) + d\left(y_{2m_{k+1}}, y_{2m_{k+2}}\right)d\left(y_{2m_{k+1}}, y_{2n_{k+1}}\right)}{d\left(y_{2n_k}, y_{2m_{k+2}}\right) + d\left(y_{2m_{k+1}}, y_{2n_{k+1}}\right)}\right|$$

$$+\lambda_2\left(d\left(y_{2n_k}, y_{2m_{k+1}}\right)\right)\left|d\left(y_{2m_{k+1}}, y_{2m_{k+2}}\right)\right| +$$

$$+\lambda_3\left(d\left(y_{2n_k}, y_{2m_{k+1}}\right)\right)\left|d\left(y_{2n_k}, y_{2m_{k+1}}\right) + |d(y_{2m_{k+2}}, y_{2m_{k+1}})|\right.$$

No sentido da condição (i) do Teorema 5.1, obtemos

$$|d(y_{2n_k}, y_{2m_{k+1}})| \leq |d(y_{2n_k}, y_{2n_{k+1}})|$$

$$+\gamma\left(d\left(y_{2n_k}, y_{2m_{k+1}}\right)\right)\left|\frac{\left(d(y_{2n_k}, y_{2n_{k+1}})\right)d(y_{2n_k}, y_{2m_{k+2}}) + d(y_{2m_{k+1}}, y_{2m_{k+2}})d(y_{2m_{k+1}}, y_{2n_{k+1}})}{d(y_{2n_k}, y_{2m_{k+2}}) + d(y_{2m_{k+1}}, y_{2n_{k+1}})}\right|$$

$$+ |d(y_{2m_{k+1}}, y_{2m_{k+2}})| + |d(y_{2n_k}, y_{2m_{k+1}})| + |d(y_{2m_{k+2}}, y_{2m_{k+1}})|$$

$$\leq \left|d\left(y_{2n_k}, y_{2m_{k+1}}\right)\right|$$

$$+\left|\frac{\left(d(y_{2n_k}, y_{2n_{k+1}})\right)d(y_{2n_k}, y_{2m_{k+2}}) + d(y_{2m_{k+1}}, y_{2m_{k+2}})d(y_{2m_{k+1}}, y_{2n_{k+1}})}{d(y_{2n_k}, y_{2m_{k+2}}) + d(y_{2m_{k+1}}, y_{2n_{k+1}})}\right|$$

$$+ |d(y_{2m_{k+1}}, y_{2m_{k+2}})| + |d(y_{2n_k}, y_{2m_{k+1}})| + |d(y_{2m_{k+2}}, y_{2m_{k+1}})|.$$

Tomando o limite como $k \to \infty$ e usando (5.3), (5.7), obtemos

$$|c| \leq \lim_{k \to \infty} \gamma\left(d\left(y_{2n_k}, y_{2m_{k+1}}\right)\right)|c| \leq |c|$$

$$\lim_{k \to \infty} \gamma\left(d\left(y_{2n_k}, y_{2m_{k+1}}\right)\right) = 1$$

Como $\gamma \in \Gamma$, obtemos que $|d\left(y_{2n_k}, y_{2m_{k+1}}\right)| \to 0$ à medida que $k \to \infty$, o que é uma contradição. Assim, $\{y_{2n}\}$ é uma sequência de C-Cauchy e, portanto, $\{y_n\}$ é uma sequência de C- Cauchy. Como X é C- completo, logo existe $t \in X$ tal que $y_n \to t$ à medida que $n \to \infty$. Portanto, da equação (5.1) obtemos

$$\lim_{n \to \infty} Sx = _{2n.} \lim_{n \to \infty} Tx_{2n+1} = \lim_{n \to \infty} fx_{2n} = \lim_{n \to \infty} gx_{2n+1} = t \quad \text{........ (5.8)}$$

Em seguida, como $S(x) \subseteq g(x)$, existe $u \in X$ tal que $g(u) = t$.

Assim, a equação (5.8) passa a ser

$$\lim_{n\to\infty} Sx =_{2n.} \lim_{n\to\infty} Tx_{2n+1} = \lim_{n\to\infty} fx_{2n} = \lim_{n\to\infty} gx_{2n+1} = t. = g(u) \ \dots\dots (5.9)$$

Vamos mostrar que $Tu = gu$, para isso considere

$$d(t,Tu) \preccurlyeq d(t,Sx_{2n}) + d(Sx_{2n},Tu)$$

$$\preccurlyeq d(t,Sx2n) + \lambda 1\big(d(f\,x2n,gu)\big)\frac{d(fx2n,Sx2n)d(fx2n,Tu) + d(gu,Tu)d(gu,Sx2n)}{d(fx2n,Tu) + d(gu,Sx2n)}$$

$$+\lambda_2(d(f\,x_{2n},gu))d(gu,Tu) + \lambda_3(d(f\,x_{2n},gu))d(fx_{2n},gu).$$

Da condição (i) do Teorema 5.1, obtemos

$$d(Tu,t) \preccurlyeq d(t,Sx_{2n}) + \frac{d(fx_{2n},Sx_{2n})d(fx_{2n},Tu) + d(gu,Tu)d(gu,Sx_{2n})}{d(fx_{2n},Tu) + d(gu,Sx_{2n})} + d(gu,Tu)$$
$$+ d(fx_{2n},gu).$$

Tomando limite como n $\to \infty$ e usando (5.9), obtemos d (Tu, t) $\preccurlyeq$ 0, o que é possível se

d (Tu, t) = 0. Assim, Tu = t e, portanto, a partir de (5.8), obtemos que

$$Tu \ = \ gu \ = \ t. \qquad\qquad \dots\dots (5.10)$$

Além disso, é dado que T(x) $\subseteq$ f (x), logo existem v $\in$ X tais que f (v) = t. Assim

da equação (5.8), obtemos

$$\lim_{n\to\infty} Sx =_{2n.} \lim_{n\to\infty} Tx_{2n+1} = \lim_{n\to\infty} fx_{2n} = \lim_{n\to\infty} gx_{2n+1} = t. = f(v) \dots (5.11)$$

Agora, vamos mostrar que $Sv = fv$, para isso, considere

$$d(Sv, t) \preccurlyeq d(Sv,Tx_{2n+1}) + d(Tx_{2n+1},t).$$

Definindo $x = v, y = x_{2n+1}$ na condição (ii) do Teorema 5.1 e procedendo da mesma forma que

acima, podemos obter $d(Sv, t) \preccurlyeq 0$.

É possível que $d(Sv, t) = 0 \rightarrow Sv = t$ e, portanto, de (5.11), temos

$Sv = fv = t.$ ....(5.12)

Por conseguinte, a partir de (5.10) e (5.12), obtemos

$Tu = gu = Sv = fv = t.$ .....(5.13)

Assim, os pares (f, S) e (g, T) são fracamente compatíveis. Portanto, da equação (2.13), temos

$$Sv = fv \Rightarrow f\,Sv = S\,fv$$

$$\Rightarrow ft = St \qquad\qquad (5.14)$$

e

$$Tu = gu \Rightarrow gTu = Tgu$$

$$\Rightarrow gt = Tt \qquad\qquad (5.15)$$

o que implica que t é um ponto de coincidência de cada um dos pares (f, S) e (g, T) em X. De seguida

mostraremos que t é um ponto fixo comum de f, g, S e T. Para tal, suponhamos que $St = t$.

Caso contrário, se utilizarmos a condição (ii) do Teorema 5.1 com x = t e y = u, temos

$$d(St, Tu) \le \lambda_1\big(d(f\,t, gu)\big)\frac{d(ft,St)d(ft,Tu)+d(gu,Tu)d(gu,St)}{d(ft,Tu)+d(gu,St)}$$

$$+\lambda_2(d(ft, gu))d(gu, Tu) + \lambda_3(d(ft, gu))d(ft, gu).$$

Utilizando as equações (5.13) e (5.14), temos

$$d(St,t) \leqslant \lambda_1 (d(St,\,t)) \frac{d(St,St)d(St,t)+d(t,t)d(t,St)}{d(St,t)+d(t,St)}$$

$$+\lambda_2\big(d(St,t)\big)d(t,t) \ \lambda_3\big(d(St,t)\big)d(St,t).$$

$$\leqslant \lambda_3 (d(St,\,t))d(St,\,t)$$

implica

$$(1 - \lambda_3(d(St,t))d(St,t). \leqslant 0$$

therefore, $(1 - \lambda_3(d(St,t)) \ |d(St,t)| \leqslant 0.$

Assim, d $(St,t) = 0$, ou seja, $St = t$, pelo que, da equação (5.14), obtemos

$f t = St = t. \ \dots\dots (5.16)$

Do mesmo modo, suponha-se que T $t = t$; caso contrário, utiliza-se a condição (ii) do

Teorema 5.1 com $x = v$

e $y = t$, temos T $t = t$, pelo que da equação (5.15) obtemos

$$g\,t = T = t. \hspace{4cm} \dots\dots (5.17)$$

Das equações (5.16) e (5.17), temos $f\,t = gt = St = Tt = t$. Assim, t é um ponto

fixo comum de $f, g,$ S and T. Para verificar a unicidade, suponha que $^{t*} \neq t$ seja outro

ponto fixo de $f, g,$ S and T .

Sejam $x = t$ e $y = {}^{t*}$ na condição (ii) do Teorema 5.1, obtemos

$$d(t,t^*) = d(St,Tt^*)$$

$$\leqslant \ \lambda 1\big(d(f\,t,gt\,{*})\big) \frac{d(ft,St)d(ft,\ Tt\,*) + d(gt^*,Tt^*)d(gt^*,St)}{d(ft,Tt\,*) + d(gt^*,St)}$$

$$+\lambda 2(d(ft,gt^*))d(gt^*,Tt^*) + \lambda 3(d(ft,gt^*))d(ft,gt^*).$$

$$= \lambda 1(d(t,t*))\frac{d(t,t)d(t,t*) + d(t^*,t^*)d(t^*,t)}{d(t,t*) + d(t^*,t)} + \lambda 2(d(t,t^*))d(t^*,t) + \lambda 3(d(t,t^*))d(t,t^*).$$

$$\leqslant \lambda 3\ (d\ (t,\ t^*))\ d\ (t,\ t^*),$$

implica

$$(1 - \lambda_3\ (d\ (t,\ t*)))\ d\ (t,\ t*)\ \leqslant 0$$

portanto

$$(1 - \lambda_3\ (d\ (t,\ t*)))\ |d\ (t,\ t*)\ | \leq 0$$

o que implica que $d\ (t,\ t*) = 0$. Assim, $t* = t$ e, portanto, t é um ponto fixo comum único

de f, g, S e T.

Os seguintes corolários são obtidos a partir do Teorema 5.1.

Corolário 5.3.2. Sejam (X, d) seja um espaço métrico complexo de valor C-completo e

$$f, g, S, T : X \to X \text{ sejam quatro translações que satisfazem}$$

$$d(Sx, Ty) \leqslant \lambda_1 \frac{d(fx, Sx)d(fx, Ty) + d(gy, Ty)d(gy, Sx)}{d(fx, Ty) + d(gy, Sx)} +$$

$$\lambda_2 d(gy, Ty) + \lambda_3 d(fx, gy).$$

para todo x, y $\in$ X, onde $\lambda 1 + \lambda 2 + \lambda 3 \in$ R+ com $\lambda 1 + \lambda 2 + \lambda 3 < 1$.

Se $S(x) \subseteq g(x)$ e $T(x) \subseteq f(x)$ e os pares (f, S) and (g, T) são fracamente compatíveis, então f, g, S and T têm um único ponto fixo comum em X.

Corolário 5.3.3. Sejam S e T duas auto-transformações num espaço métrico de valor complexo completo C (X, d) e as transformações $\lambda_1, \lambda_2, \lambda_3 : C_+ \to [0,1)$ satisfaz as seguintes condições:

(i) $\lambda_1 (x) + \lambda_2 (x) + \lambda_3 (x) < 1$ para todos $x \in C_+$ e o mapeamento $\gamma : C_+ \to [0,1)$,

   que é

   definido por $\gamma(x) := \dfrac{\lambda_1(x)}{1 - [\lambda_2(x) + \lambda_3(x)]}$ pertence a Γ.

(ii) para cada $x, y \in X$,

temos $d(Sx, Ty) \preccurlyeq \lambda_1(d(fx, g\, y)) \dfrac{d(x,Sx)d(x,Ty)+d(y,Ty)d(y,Sx)}{d(x,Ty)+d(y,Sx)} +$

$$\lambda_2(d(x,y))d(y,Ty) + \lambda_3(d(x,y))d(x,y).$$

Se o par (S, T) for fracamente compatível, então S e T têm um único ponto fixo comum em X.

Corolário 5.3.4. Seja S um auto-mapeamento num espaço métrico de valor complexo C-completo (X, d) e λ1, λ2, λ3: C+ → [0, 1) sejam mapeamentos dados. Suponha que as seguintes condições se verificam:

(i)   λ1(x)+λ2(x)+λ3(x) < 1 para todo $x \in C_+$ e o mapeamento $\gamma : C_+ \to [0,1)$,

   que é definida por $\gamma(x) := \dfrac{\lambda_1(x)}{1 - [\lambda_2(x) + \lambda_3(x)]}$ para todo $x \in C_+$ pertence a Γ.

(ii)   para cada $x, y \in X$, temos

$$d(Sx, Sy) \preccurlyeq \lambda_1\big(d(x,y)\big)\frac{d(x,Sx)d(x,Sy) + d(y,Sy)d(y,Sx)}{d(x,Sy) + d(y,Sx)}$$
$$+ \lambda_2\big(d(x,y)\big)d(y,Sy) + \lambda_3(d(x,y))d(x,y).$$

Então S tem um único ponto fixo em X.

Corolário 5.3.5. Seja P um auto-mapeamento num espaço métrico de valor complexo C-completo (X, d) e $\lambda \lambda \lambda_{1,2,3}$: C+ $\rightarrow$ [0, 1) sejam mapeamentos dados. Suponha que as seguintes condições se verificam:

(i) λ_1 (x)+λ_2 (x)+λ_3 (x) < 1 para todo $x \in C_+$ e o mapeamento $\gamma : C_+ \rightarrow [0,1)$, que é

definido por $\square(x) := \dfrac{\lambda_1(x)}{1 - [\,\lambda_2(x)+\lambda_3(x)\,]}$ para todo $x \in C_+$ pertence a Γ.

(ii) para cada $x, y \in X$, temos

$$d(Pnx,\ Pny) \preccurlyeq \lambda_1(d(x,y))\ \frac{d(x,p^n x)\ d(x,p^n y)+d(y,p^n y)d(y,p^n x)}{d(x,p^n y)+d(y,p^n x)}\ +$$

$$\lambda_2\big(d(x,y)\big)d(y,p^n y) + \lambda_3\big(d(x,y)\big)d(x,y). \qquad \text{para um qualquer } n \in N$$

Então P tem um único ponto fixo em X.

5.4 Conclusão

Neste capítulo, generalizamos o teorema do ponto fixo comum em espaços métricos de valor complexo C-completos de Kumar et al.,2017 e Sintunavarat et al. 2017. O escopo futuro de nossos resultados, para obter a existência e a singularidade de um solução comum para o sistema de equações integrais de Urysohn. A equação integral desempenha um papel muito significativo e importante na análise matemática e tem várias aplicações em problemas do mundo real.

CAPÍTULO - 6

ESPAÇO MÉTRICO MODULAR E TEOREMA DO PONTO FIXO

6.1 Introdução

H.Nakano introduziu o conceito de modular num espaço vetorial em 1950. J. Musielak e W. Orlicz aperfeiçoaram-no em 1959. M.A.Khamsi, W.K.Kozlowski e S.Reich propuseram a teoria do ponto fixo em espaços de funções modulares em 1990. Vyacheslav Chistyakov propôs o conceito de uma métrica modular num conjunto. É auxiliado em parte pela aplicação de H.Nanko e outros da modular linear clássica em espaços de funções em 1950. Como desenvolvimento destas noções, V.V.Chistyakov apresentou o conceito de modular métrica num conjunto arbitrário.

Vyacheslav Chsityakov introduziu o conceito de espaços métricos modulares com uma interpretação física via F-modular em (Chsityakov,2008) e estabeleceu a teoria dos espaços métricos modulares em (Chsityakov,2010). Por outro lado, podemos afirmar com certeza que Abdou e Khamsi foram os primeiros a estabelecer o conceito de teoria de ponto fixo em espaços métricos modulares. (Abdou et al., 2013).

V.V. Chsityakov foi o primeiro a sugerir uma tal generalização. Informalmente, enquanto uma métrica sobre um conjunto representa distâncias finitas não negativas entre dois pontos do conjunto, um modular sobre um conjunto atribui um "campo de velocidades (generalizadas)" não negativo (possivelmente de valor infinito) a cada "tempo" $\lambda > 0$ (o valor absoluto de) uma velocidade média $W_\lambda(x,y)$, que está associada de tal modo que ir de x para y com uma velocidade w leva tempo a percorrer a "distância" (x,y).

6.2 Preliminares

Recordo as definições de espaços métricos modulares, o conceito de convergência e outros resultados que serão necessários na sequência.

Definicao 6.2.1: (Khamsi,1990) Seja X um espaço linear sobre R. Se uma função m : X → [0, ∞] satisfaz as seguintes condições, chamamos que m é modular sobre um espaço vetorial X .

    i. $m(0) = 0 \Leftrightarrow x = 0$

    ii. $m(ax) = m(x) \, for \; every \; a \in R \; with \; |a| = 1$

    iii. $m(ax + by) \leq m(x) + m(y) \; if \; a, b \geq 0 , a + b = 1$

m diz-se convexo se tiver a propriedade (iv) e não a propriedade (iii).

    iv $m(ax + by) \leq am(x) + b\,m(y) \; if \; a, b \geq 0 , a + b = 1$

Como resultado, o espaço modular X_m é definido e m é um modular em X como se segue:

$$X_m = \{ x \in X : m \, (ax) \to 0 \; como \; a \to 0\}$$

Sejam $\{x_n\}$, n∈ N seja uma sequência em X_m e pertence a X_m . Se $\lim\limits_{n \to \infty} W_\lambda (x_n - x) = 0$ então $\{x_n\}$ converge para x . Aqui m diz-se que satisfaz as Δ_2 - condições se existir k ≠ 0 tal que m(2x) ≤ k m(x) para um y ∈ X_m , m diz-se que satisfaz a propriedade de Fatou (FP) se m(x − y) ≤ $\lim\limits_{n \to \infty}$ m(x_n − y), sempre que $\{x_n\}$, m-converge para x para qualquer x, y , x_n ∈ X_m.

Seja (X, m) um espaço vetorial modular. Defina $W : (0, +\infty) \times X \times X \to [0, +\infty)$

Por $W_\lambda (x , y) = m \left(\frac{x-y}{\lambda}\right)$

Então as seguintes condições são válidas. Se $W_\lambda (x , y) = 0$ para algum λ > 0 e qualquer $x, y \in X$;

$W_\lambda (x , y) = W_\lambda (y , x)$ para qualquer λ > 0 e $x, y \in X$;

Se m satisfaz a propriedade de Fatou, então $\{x_n\}$ sendo que $\left(\frac{x_n}{\lambda}\right)$, m → $\left(\frac{x}{\lambda}\right)$/, para qualquer λ>0

$$m\left(\tfrac{x-y}{\lambda}\right) \le \lim_{n\to\infty} \inf m\left(\tfrac{x_n-y}{\lambda}\right) \le \lim_{n\to\infty} \operatorname{Sup} m\left(\tfrac{x_n-y}{\lambda}\right)$$

para qualquer $x, y, x_n \in X_m$.

$$W_\lambda(x,y) \le \lim_{n\to\infty} \inf W_\lambda(x_n,y) \le \lim_{n\to\infty} \operatorname{Sup} W_\lambda(x_n,y)$$

Como resultado, (X, W) satisfaz todas as propriedades modulares generalizadas. Para uma função modular W, a propriedade de Fatou é satisfeita se algum $\lambda > 0.$, se $\{x_n\}$ é definido de tal modo que $\lim_{n\to\infty} W_\lambda(x_n, x) = 0$

$$W_\lambda(x,y) \le \lim_{n\to\infty} \inf W_\lambda(x_n,y) \le \lim_{n\to\infty} \operatorname{Sup} W_\lambda(x_n,y)$$

para qualquer $x, y, x_n \in X_w$.

Definição 6.2.2. (Khamsi,1996) Assumindo que X é um conjunto abstrato, uma função $W : (0, +\infty) \times X \times X \to [0, +\infty)$ é definida por $W(\lambda, x, y) = W_\lambda(x, y)$ então $W : (0, \infty) \times$

$X \times X \to [0, \infty)$ diz-se que é uma métrica Modular regular em X se as seguintes condições forem satisfeitas.

Para qualquer $x, y \in X$, $W_\lambda(x, y) = 0$ para todo o $\lambda > 0 \Leftrightarrow x = y$

$W_\lambda(x, y) = W_\lambda(y, x)$ para todo $\lambda > 0$; e $x, y \in X$;

$W_{\lambda+\mu}(x, y) = W_\lambda(x, z) + W\mu(z, y)$ para todo $\lambda, \mu > 0$ e $x, y, z \in X$

Se satisfizer as seguintes desigualdades

$$W_{\lambda+\mu}(x, y) \le \frac{\lambda}{\lambda+\mu} W_\lambda(x, z) + \frac{\mu}{\lambda+\mu} W\mu(z, y)$$

W é convexo, para $\lambda, \mu > 0$ e a, b, c $\in X$

Introduz-se um conjunto $C(W, X, x) = \{\{x_n\} \subset X : \lim_{n\to\infty} \inf W_\lambda(x_n, x) = 0\}$ onde X é considerado um conjunto abstrato e uma função $W: X \times X \to [0, \infty)$.

Definição 6.2.3:   Uma função $W: X \times X \to [0, \infty)$ diz-se que é
defined a generalized metric em X se as seguintes condições forem satisfeitas.

para cada $(x, y) \in X \times X$, $W(x, y) = 0$ então $x = y$

para cada $(x, y) \in X \times X$, $W(x, y) = W(y, x)$

Existe $C > 0$ de tal modo que se $(x, y) \in X \times X$ e $\{x_n\} \in C(W, X, x)$,

$W(x, y) \leq C \lim_{n \to \infty} \sup W(x_n, y)$ Assim, (X, W) é um espaço métrico generalizado.

Definição 6.2.4: Seja (X, W) um espaço métrico generalizado, a função $W : (0, +\infty) \times$

$X \times X \to [0, +\infty)$ é definida por $W_\lambda(x, y) = \dfrac{W(x,y)}{\lambda}$

if $\{x_n\} \in C(W, X, x)$, $\lim_{n \to \infty} W_\lambda(x_n, x) = 0$ para qualquer $\lambda > 0$

Onde X é considerado um conjunto abstrato e uma função $W: X \times X \to [0, \infty)$.

se as seguintes condições forem satisfeitas:

$W_\lambda(x, y) = 0$ para todo $\lambda > 0 \Leftrightarrow x = y$

$W_\lambda(x, y) = W_\lambda(y, x)$ para todo $\lambda > 0$; e $x, y \in X$;

Existe $C > 0$ de tal modo que se $(x, y) \in X \times X$ e $\{x_n\} \in C(W_\lambda, X, x)$,

Temos $W_\lambda(x, y) \leq C \lim_{n \to \infty} \sup W_\lambda(x_n, y)$

Assim, (X, W) é um espaço métrico modular generalizado.

Definição 6.2.5. (Khamsi,1996) Suponha-se que (X_w, W) é um espaço métrico modular generalizado, e $\{x_n\}$, em que $n \in N$ seja uma sequência em X_w. um subconjunto M de X_w então a sequência $\{x_n\}$ é chamada W-convergente a $x \in X_w$. $\Leftrightarrow W_\lambda(x_n) \to$ 0 as $n \to \infty$ para algum $\lambda > 0$. Uma sequência $\{x_n\}$ é designada por W-Cauchy se $W_\lambda(x_m, x_n) \to 0$ como $m, n \to \infty$ para algum $\lambda > 0$. Diz-se que é uma W- completa se para qualquer sequência W- Cauchy $\{x_n\}$ em m, tal que $\lim_{m,n \to \infty} W_\lambda(x_n, x_m) \to 0$

existe um ponto x $\in$ M tal que $\lim\limits_{n\to\infty}$ $W_\lambda (x_n,\ x\ ) \to 0$ para algum $\lambda > 0$. Chama-se W-bounded se $\delta w, \lambda (M) =$ Sup $\{\ W_\lambda (\ x, y)\ :\ x, y\ \in M\} < \infty$ para algum $\lambda > 0$.

Observações: O espaço de funções modulares W satisfaz a condição $\Delta 2$- $\Leftrightarrow \lim\limits_{n\to\infty}$ $W_\lambda (x_n,\ x\ ) = 0$

$\lim\limits_{n\to\infty}$ $W_\lambda (x_n,\ x\ ) \to 0$ para algum $\lambda > 0$.

6.3 Resultado principal: O princípio de contração de Banach no espaço métrico modular generalizado

A extensão do princípio de contração de Banach para a definição de espaços métricos modulares generalizados está incluída nesta secção. (Abdu et al., 2014) A contração de Reich é apresentada como uma extensão do princípio de contração de Banach para os espaços métricos modulares.

Definição 6.3.1. (Abdu et al., 2014) Seja $(X_W,\ W)$ um espaço métrico modular generalizado e f: Xw $\to$ Xw seja um mapeamento, então f é chamado de mapeamento de contração W se existe k $\in$ (0, 1) tal que

$$W_\lambda \left(f(x), f(y) \right) \le k\ W_\lambda (x, y)$$

para qualquer $(x, y) \in$ Xw $\times$ X_W. x diz-se que é um ponto fixo de f se f(x) = x.

Na Proposição 6.3.2. seguinte, compreendemos o limite W e a sua unicidade nos espaços métricos modulares generalizados.

Proposição- 6.3.2: Seja (X_W, W) um espaço métrico modular generalizado. Seja uma sequência $\{x_n\}$ em X_W e o par $(x, y) \in X_W \times X_W$ é definido de tal forma que $W_\lambda \left(x_n,\ x\ \right) \to 0$ e $W_\lambda \left(x_n,\ x\ \right) \to 0$ quando n$\to\infty$ para algum $\lambda > 0$. Então x = y.

Prova: Tomando a propriedade 3 da definição de espaço métrico modular generalizado.

existe c > 0 tal que se $(x, y) \in Xw \times Xw$, e a sequência $\{x_n\} \in$ C (W_λ, X, x),

para algum $\lambda > 0$, temos

$$W_\lambda(x,y) \le c \lim_{n\to\infty} \sup W_\lambda(x_n, y) = 0$$

da definição de espaço métrico modular generalizado, propriedade 1

$$W_\lambda(x,y) = 0 \Rightarrow x = y$$

Teorema 6.3.3: Seja (X_W, W) seja um espaço métrico modular generalizado. Seja X_W seja W- completo. Mapa $f: X_W \rightarrow X_W$ seja um mapeamento de contração de W de algum $k \in (0,1)$ Existe $x_0 \in X_W$ tal que $\delta w, \lambda, (x_0) < \infty$. Então $\{f^n(x_0)\}$, W- converge para o ponto fixo

de f, para algum $s \in X_W$. Se $W_\lambda(x, s) < \infty$ para $x \in X_W$ então $\{f^n(x)\}$, W - converge para s. Também, se $s' \in X_W$ for outro ponto fixo de f tal que $W_\lambda(s, s') < \infty$ então $s = s'$

Prova: Seja $x_0 \in X_W$ seja tal que $\delta w, \lambda, (x_0) < \infty$. Então $W_\lambda(f^{n+p}(x_0), f^n(x_0)) \le k^n$ $W_\lambda . (f^p(x_0), x_0) \le k^n \delta w, \lambda, (x_0) < \infty$ para quaisquer n, $p \in$ N. Como k < 1, $\{(f^n(x_0))\}$ é

W – cauchy. Como X_W é W- completo, então existe $s \in X_W$ tal que

$$\lim_{n\to\infty} W_\lambda(f^n(x_0), s) = 0$$

uma vez que $W_\lambda(f^n(x_0), f(s)) \le k\, W_\lambda(f^{n-1}(x_0), s)$; n = 1,2 ....

Temos

$$\lim_{n\to\infty} W_\lambda(f^n(x_0), f(s)) = 0$$

da Proposição 6.3.1 $f(s) = s$

$\Rightarrow s$ *is a* fixed point of f

Seja x $\in X_W$ tal que. W_λ (s) $< \infty$

$$W_\lambda\left(f^n(x),s\right) = W_\lambda\left(f^n(x), f^n(s)\right) \leq k^n\ W_\lambda(x,s)$$

Para qualquer n $\geq$ 1. Como k $<$ 1, obtemos $\lim_{n\to\infty} W_\lambda\left(f^n(x),s\right) = 0$

Assim $\{f^n(x)\}$ W -converge para s.

Suponha-se que s e s' são dois pontos fixos de f e, portanto

W_λ (s, s') $< \infty$

W_λ (s, s') $= W_\lambda\left(f(s), f(s')\right) \leq k\ W_\lambda$ (s , s') uma vez que f é uma contração de W e k $<$ 1

W_λ (s, s') $= 0$ uma vez que W_λ (s, s') $< \infty$ para algum $\lambda > 0$

Como resultado, aplica-se a condição 1 da definição 4 do espaço métrico modular generalizado, s = s' .

Definição- 6.3.4. (Abdu et al., 2014). Suponha que (X,W) seja um espaço métrico modular e M seja um subconjunto não vazio de X_W, então o auto-mapa f de M é chamado de contração de Reich apenas se satisfizer lim sup $sup_{s\to t+}$ k(s)$<$ 1 para qualquer $0 \leq t <$ ∞ e existe k : (0, + ∞) $\to$ [0 , 1) é definido por $W_\lambda\left(f(a), f(b)\right) \leq$ k (W_1 (a, b), W_1 (a, b)) para qualquer elemento distinto a, b $\in$ M . Se f (a) = a, então um ponto é chamado de ponto fixo de f.

Proposição- 6.3.5: Suponhamos que (X, W) seja um espaço modular métrico e W seja convexo e regular. Suponha que W tem a condição de tipo $\Delta 2$. Seja $\{x_n\}$ esteja em X_W é definido por W_1 $(x_{n+1}, x_n) \leq$ k α^n , n = 1,2 ... Para k $\neq$ 0 *is* uma constante arbitrária e $0 < \alpha < 1$. Então dizemos que $\{x_n\}$ é de Cauchy para W.

Teorema- 6.3.6: Suponha que (X, W) seja um espaço modular métrico e M seja um subconjunto não vazio de X_w . Suponha-se que as seguintes condições se verificam: W é convexo e regular. X_W é W - completo. Se um auto-mapa f de M for uma contração de Reich, diz-se que o ponto x é um ponto fixo para $x \in M$ e $f^n(z)$ W converge para x para qualquer $z \in M$.

Prova: Pela definição 6.3.4 da contração de Reich, para qualquer $a, b \in M$ $W_1\left(f(a), f(b)\right) \leq k\ (W_1(a,b),\ W_1(a,b))$ lim $\sup_{s \to t+} k(s) < 1$ para qualquer $0 \leq t < \infty$ e existe $k : (0, +\infty) \to [0, 1)$ tal que.

f tem um ponto fixo, W é regular.

Agora, para a existência de um ponto fixo, defina o ponto $x_0 \in X_W$

Caso -I: Suponhamos que para algum $n \in M$, $f^n(x_0)$ é um ponto fixo de f, então é trivial.

Caso -II: Suponha-se que $f^{n+1}(x_0) \neq fn(x_0)$ para qualquer $n \in N$
$$W_1(f^{n+1}(x_0), f^n(x_0)) \leq k\ W_1(f^n(x_0), f^{n-1}(x_0)) \quad \text{para qualquer } n \in N$$
$$W_1(f^{n+1}(x_0), f^n(x_0)) < W_1(f^n(x_0), f^{n-1}(x_0)) \text{ para qualquer } n \in N$$
Assim, $\{\ W_1(T^{n+1}(x_0), T^n(x_0)\ \}$ is convergent for any $n \in N$

Agora definir $t_0 = \lim_{n \to +\infty} W_1(T^{n+1}(x_0), T^n(x_0)) = f(T^{n+1}(x_0), T^n(x_0)$

lim $\sup_{s \to t+} k(s) < 1$ para qualquer $0 < \alpha < 1$ e $n_0 \in (1, \infty)$ tal que
$$k\ W_1(f^{n+1}(x_0), f^n(x_0)) \leq \alpha.$$
para qualquer $n \geq n_0$. Então temos
$$W_1(f^{n+1}(x_0), f^n(x_0) \leq \Pi_{k=n0}^{k=n} k\ W_1\left(f^{k+1}(x_0), f^k(x_0)\ \right)))$$
$$W_1(f^{n_0+1}(x_0), f^{n_0}(x_0) \leq \alpha^{n-n_0}\ W_1((f^{n_0+1}(x_0), f^{n_0}(x_0)\ ))$$
Para qualquer $n \geq n_0$, pela completude w- de M e pela proposição 6.3.5
$\Rightarrow \{f^n(x_0)\}$ é W-Cauchy.
$\Rightarrow \{f^n(x_0)\}.W -$ converges to some $x \in M$

Agora mostramos que x é um ponto fixo de f.

Sabemos que para qualquer $n \geq 1$,
$$W_2\left(x, f(x)\right) \leq W_1\left(x, f^n(x_0)\right) + W_1(f^n(x_0), T(x))$$
$$\leq W_1\left(x, f^n(x_0)\right) + k\left(W_1(f^{n-1}(x_0), x)\right)$$
Aqui $\{f^n(x_0)\}$ $W -$ converges to x,
$\Rightarrow W_2\left(x, f(x)\right) = 0$
$\Rightarrow f(x) = x$, Since W is regular.

Unicidade do ponto fixo de f.

$\{f^n(z)\}$, W - converge para x para qualquer $z \in M$

6.4. Conclusão

É estabelecido um espaço métrico modular generalizado, a partir das condições de um espaço métrico generalizado e de um espaço métrico modular, para provar o princípio de contração de Banach. Os espaços métricos modulares têm aplicação em vários domínios, incluindo a física, a informática, a economia e as telecomunicações. Apresentamos aqui aplicações precisas em cada um destes domínios:

Física:

Mecânica quântica: Os espaços métricos modulares são aplicados na mecânica quântica para analisar as distâncias entre estados quânticos e operadores. São particularmente relevantes quando se lida com medidas de distância não-padrão e números complexos que surgem em sistemas quânticos.

Informática:

Conceção de algoritmos: Os espaços métricos modulares encontram aplicações na conceção de algoritmos informáticos, especialmente para problemas que envolvem métricas de distância não normalizadas. Permitem o desenvolvimento de algoritmos que são adaptados a medidas de distância específicas

CAPÍTULO - 7

COMPLEXO VALORIZADO b- ESPAÇO MÉTRICO E

TEOREMA DO PONTO FIXO

7.1 Introdução

O conceito de espaço b-métrico de valor complexo foi introduzido por Rao et. al.,2013, que era mais geral do que os espaços métricos de valor complexo de Azam et. al.,2011.

Provaram certas conclusões sobre pontos fixos em espaços b-métricos de valor complexo para as transformações que satisfazem uma desigualdade racional. Desde então, foram realizados vários estudos sobre teoremas de pontos fixos em espaços b-métricos de valor complexo (Utilizando contracções racionais, incluindo funções de controlo, investigamos e desenvolvemos conclusões sobre a definição de espaços b-métricos de valor complexo em termos de pontos fixos comuns de duas transformações.

7.2 Preliminares

Recordamos algumas notações e conceitos que serão úteis no próximo capítulo.

Seja C a coleção dos números complexos. e z_1 , z_2 ∈ C.

Definir uma ordem parcial $\preccurlyeq$ em C da seguinte forma:

$z_1 \preccurlyeq z_2$: se e somente se $Re(z_1) \leq Re(z_2)$, $Im(z_1) \leq Im(z_2)$.

Por conseguinte, pode inferir-se que $z_1 \preccurlyeq z_2$ se uma das seguintes condições for satisfeito:

(i) $Re(z_1) = Re(z_2)$, $Im(z_1) < Im(z_2)$;

(ii) $Re(z_1) < Re(z_2)$, $Im(z_1) = Im(z_2)$;

(iii) $Re(z_1) < Re(z_2)$, $Im(z_1) < Im(z_2)$;

(iv) $Re(z_1) = Re(z_2)$, $Im(z_1) = Im(z_2)$.

Em particular, escrevemos $z1 \precsim z2$ se apenas (iii) for satisfeita.

Definição 7.2.1. (Rao et al., 2013) Sejam X um conjunto não vazio e $s \geq 1$ seja um número real dado. Uma função $d : X \times X \to C$ ié chamada uma b-métrica de valor complexo em X se, para todo $x, y, z \in X$ as seguintes condições são satisfeitas:

(i) $0 \precsim d(x,y)$ and $d(x,y) = 0$ if and only if $x = y$.

(ii) $d(x,y) = d(y,x)$

(iii) $d(x,y) \precsim s[d(x,z) + d(z,y)]$.

The pair (X, d) is called a complex valued b $-$ metric space.

Na definição 7.2.1 de um espaço b-métrico de valor complexo, exige-se que o parâmetro s seja um número real maior ou igual a 1. A condição s $\geq$ 1 é crucial na definição, pois impõe um certo nível de relação entre distâncias no espaço através da desigualdade triangular generalizada. Se o valor de s = 1, então o espaço torna-se um espaço métrico de valor complexo. A classe dos espaços b-métricos não é mais pequena do que a dos espaços métricos. Se s = 1, o espaço b-métrico passa a ser um espaço métrico normal. Todos os espaços métricos são espaços b-métricos, mas não vice-versa.

Exemplo 7.2.2. (Rao et al., 2013) *Let* $|x - y|^2 + i|x - y|^2$, para todo x, y $\in$ X. Então (X, d) é um espaço b-métrico de valor complexo com s = 2.

Definição 7.2.3. (Rao et al., 2013) Seja (X, d) um espaço b-métrico de valor complexo.

(i)   Um ponto x $\in$ X é chamado ponto interior de um conjunto A⊆X sempre que existir $0 \prec r \in C$ tal que $B(x,r) = \{y \in X : d(x,y) \prec r\} \subseteq A$.

(ii)   Um ponto x $\in$ X é chamado de ponto limite de um conjunto A sempre que para todo $0 \prec$ r $\in C, B(x,r) \cap (A - \{x\}) \neq \phi$

(iii)   Um subconjunto A $\subseteq$ X é chamado de conjunto aberto sempre que cada elemento de A é um ponto interior de A.

(iv)   Um subconjunto $A \subseteq X$ é chamado de conjunto fechado quando cada ponto limite de A pertence a A.

(v)   A família $F = \{B(x,r) : x \in X$ and $0 \prec r\}$ é uma sub-base para uma topologia de Hausdorff τ em X.

Definição 7.2.4. (Rao et al., 2013) Sejam (X, d) seja um espaço b-métrico de valor complexo e seja $\{x_n\}$ seja uma sequência em X e $x \in X$.

(i) Se para cada $c \in C$, com $0 \prec c$ existe $n \in N$ tal que para todo $n > N$,

$d(x_n, x) \prec c$, então $\{x_n\}$ diz-se que é convergente e converge para x.

Denotamos isto por $\lim_{x \to \infty} x_n = x \; or \; \{x_n\} \to x \; as \; n \to \infty$.

(ii) Se para cada $c \in C$, com $0 \prec c$ existe $n \in N$ tal que para todo $n > N$,

$d(x_n, x_n + m) \prec c$, onde m $\in$ N, então diz-se que $\{xn\}$ é uma sequência de Cauchy.

(iii) Se cada sequência de Cauchy em X é convergente em X então (X, d) diz-se que é um espaço b-métrico completo de valor complexo.

Lema 7.2.5. (Rao et al., 2013) Sejam (X, d) seja um espaço b-métrico de valor complexo e seja $\{x_n\}$ seja uma sequência em X. Então $\{x_n\}$ converge para x se e só se $|d(x_n, x)| \to 0$ como $n \to \infty$.

Lema 7.2.6. (Rao et al., 2013) Sejam (X, d) seja um espaço b-métrico de valor complexo e seja $\{x_n\}$ seja uma sequência em X. Então $\{x_n\}$ é a sequência de Cauchy

se e somente se $|d(x_n, x_n + m)| \to 0$ como $n \to \infty$, onde m $\in$ N.

7.3 Principais resultados num espaço métrico b de valor complexo

Teorema 7.3.1: Seja (X, d) seja um espaço b-métrico completo de valor complexo com o coeficiente $s \geq 1$ e sejam $S, T : X \to X$ sejam transformações. Se existirem transformações $\alpha, \beta, \gamma, \delta : X \to [0,1)$ tais que, para todos os $x, y \in X$:

(i) $\alpha(Sx) \leq \alpha(x), \beta(Sx) \leq \beta(x), \gamma(Sx) \leq \gamma(x)$ and $\delta(Sx) \leq \delta(x)$;

(ii) $\alpha(Tx) \leq \alpha(x), \beta(Tx) \leq \beta(x), \gamma(Tx) \leq \gamma(x)$ e $\delta(Tx) \leq \delta(x)$;

(iii) $\alpha(x) + \beta(x) + 2\gamma(x) \leq 2s\,\delta(x) < 1$;

(iv) $d(Sx, Ty) \precsim \alpha(x)d(x,y) + \dfrac{\beta(x)d(y,Ty)(x,Sx)}{1+d(x,y)} + \gamma(x)[d(x, Sx) +$

$d(y, Ty)] + \delta(x)[d(x, Ty) + d(y, Sx)].$ .... (7.1)

Então S e T têm um único ponto fixo comum.

Prova: Para qualquer ponto arbitrário $x_0 \in X$. Desde que $S(X) \subseteq X$ e $T(X) \subseteq X$, podemos definir a sequência $\{x_n\}$ em X tal que

$x_{2n+1} = Sx_{2n}, x_{2n+2} = Tx_{2n+1},$: for $n \geq 0.$ ...... (7.2)

Agora, mostramos que a sequência $\{x_n\}$ é de Cauchy. Seja $x = x_{2n}$ and $y = x_{2n+1}$ in (7.1), we get

$d(Sx_{2n}, T x_{2n+1}) = d(x_{2n+1}, x_{2n+2}):$

$$\precsim \alpha(x_{2n})\, d(x_{2n}, x_{2n+1}) + \frac{\beta(x_{2n})d(x_{2n+1}, T x_{2n+1})d((x_{2n}, Sx_{2n})}{1+d((x_{2n}, Sx_{2n+1})} +$$

$$\gamma(x_{2n})[\, d((x_{2n}, Sx_{2n}) + d(x_{2n+1}, T x_{2n+1}) +$$

$$\delta(x_{2n})[\, d(x_{2n}, T x_{2n+1}) + d(x_{2n+1}, Sx_{2n})$$

$$= \alpha(x_{2n})\, d(x_{2n}, x_{2n+1}) + \frac{\beta(x_{2n})d(x_{2n+1}, x_{2n+2})d((x_{2n}, x_{2n+1})}{1+d((x_{2n}, x_{2n+1})} +$$

$$\gamma(x_{2n})[\, d(x_{2n}, x_{2n+1}) + d(x_{2n+1}, x_{2n+2}) +$$

$$s\delta(x_{2n})[\, d(x_{2n}, x_{2n+2}) + d(x_{2n+1}, x_{2n+1})]\,)$$

o que implica que

$$|d(x_{2n+1}, x_{2n+2})| \leq \alpha(x_{2n})|d(x_{2n}, x_{2n+1})| + \frac{\beta(x_{2n})d(x_{2n+1}, x_{2n+2})d((x_{2n}, x_{2n+1})}{|1+d((x_{2n}, x_{2n+1})|}$$

$$+\gamma(x_{2n})\,|d\,(x_{2n},\,x_{2n+1})+d\,(x_{2n+1},\,x_{2n+2})\,|$$

$$+s\delta(x_{2n})\,|d\,(x_{2n},\,x_{2n+1})+d\,(x_{2n+1},\,x_{2n+2})\,|$$

Uma vez que $|1+d\,(x_{2n},\,x_{2n+1})\,|\geq|d\,(x_{2n},\,x_{2n+1})\,|$,

$$|d\,(x_{2n+1},\,x_{2n+2})\,|\leq\alpha(x_{2n})\,|d\,(x_{2n},\,x_{2n+1})\,|+\beta(x_{2n})\,|d\,(x_{2n+1},\,x_{2n+2})\,|$$

$$+\gamma(x_{2n})\,|d\,(x_{2n},\,x_{2n+1})+d\,(x_{2n+1},\,x_{2n+2})\,|$$

$$+\,s\,\delta(x_{2n})\,|d\,(x_{2n},\,x_{2n+1})+d\,(x_{2n+1},\,x_{2n+2})\,|$$

e assim $=\alpha\,(T\,x_{2n-1})\,|d\,(x_{2n},\,x_{2n+1})\,|+\beta\,(T\,x_{2n-1})\,|d\,(x_{2n+1},\,x_{2n+2})\,|$

$$+\,\gamma\,(T\,x_{2n-1})\,|d\,(x_{2n},\,x_{2n+1})+d\,(x_{2n+1},\,x_{2n+2})\,|$$

$$+s\delta\,(T\,x_{2n-1})\,|d\,(x_{2n},\,x_{2n+1})+d\,(x_{2n+1},\,x_{2n+2})\,|$$

$$|d\,(x_{2n+1},\,x_{2n+2})\,|\leq\alpha(x_{2n-1})\,|d\,(x_{2n},\,x_{2n+1})\,|+\beta(x_{2n-1})\,|d\,(x_{2n+1},\,x_{2n+2})\,|$$

$$+\gamma(x_{2n-1})\,|\,d\,(x_{2n},\,x_{2n+1})+d\,(x_{2n+1},\,x_{2n+2})\,|$$

$$+s\,\delta(x_{2n-1})\,|d\,(x_{2n},\,x_{2n+1})+d\,(x_{2n+1},\,x_{2n+2})\,|$$

$$=\alpha(Sx_{2n-2})\,|d\,(x_{2n},\,x_{2n+1})\,|+\beta(Sx_{2n-2})\,|d\,(x_{2n+1},\,x_{2n+2})\,|$$

$$+\,\gamma(Sx_{2n-2})\,|d\,(x_{2n},\,x_{2n+1})+d\,(x_{2n+1},\,x_{2n+2})\,|$$

$$+s\delta(Sx_{2n-2})\,|d\,(x_{2n},\,x_{2n+1})+d\,(x\,x_{2n+1,\,2n+2)}\,|$$

$$\leq\alpha(x_{2n-2})\,|d\,(x_{2n},\,x_{2n+1})\,|+\beta(x_{2n-2})\,|d\,(x_{2n+1},\,x_{2n+2})\,|$$

$$+\,\gamma(x_{2n-2})\,|d\,(x_{2n},\,x_{2n+1})+d\,(x_{2n+1},\,x_{2n+2})\,|$$

$$+\,s\delta(Sx_{2n-2})\,|d\,(x_{2n},\,x_{2n+1})+d\,(x_{2n+1},\,x_{2n+2})\,|$$

$$\leq\alpha\,(x_0)\,|d\,(x_{2n},\,x_{2n+1})\,|+\beta\,(x_0)\,|d\,(x,\,x_{2n+1\,2n+2})\,|+\gamma\,(x_0)\,|d\,(x,\,x_{2n\,2n+1}$$

)

$$+\,d\,(x_{2n+1},\,x_{2n+2})\,|+s\delta\,(x_0)\,|d\,(x,\,x_{2n\,2n+1})+d\,(x_{2n+1},\,x_{2n+2})\,|$$

o que significa que

$$|d(x_{2n+1,\,x2n+2})| \le \frac{\alpha(x_0)+\gamma(x_0)+s\delta(x_0)|}{1-\beta(x_0)-\gamma(x_0)-s\delta(x_0)}\; |d(x_{2n,}\,x_{2n+1})| \;.....(7.3)$$

Do mesmo modo, pode obter-se

$$|d(x_{2n+2},\,x_{2n+3})| \le \frac{\alpha(x_0)+\gamma(x_0)+s\delta(x_0)|}{1-\beta(x_0)-\gamma(x_0)-s\delta(x_0)}\; |d(x_{2n+1},\,x_{2n+2})| \;.....(7.4)$$

$$Seja\;\mu = \frac{\alpha(x_0)+\gamma(x_0)+s\delta(x_0)|}{1-\beta(x_0)-\gamma(x_0)-s\delta(x_0)} < 1$$

Desde $\alpha(x_0) + \beta(x_0) + 2\gamma(x_0) + 2s\delta(x_0) < 1$, *thus we have*

$$|d(x_{2n+1},\,x_{2n+2})| \le \mu\,|d(x_{2n},\,x_{2n+1})|\; e$$

$$|d(x_{2n+2},\,x_{2n+3})| \le \mu|\,d(x_{2n+1},\,x_{2n+2})|\; ou,\; de\; facto$$

$$|d(x_{n+1},\,x_{n+2})| \le \mu|\,d(x_{n,}\,x_{n+1})|\;.....(7.5)$$

$$ou\; |d((x_n,\,x_{n+1})| \le \mu^n\,|\,d(x_{0,}\,x_1)|\;.....(7.6)$$

Assim, para qualquer $m > n,\; m,\; n \in N$ *e como* $s\mu < 1$ *obtemos*

$$|d((x_n,\,x_m)| \le s|d(x,\,x_{nn+1})| + s|d(x_{n+1},\,x)| \le |d(x,\,x)| + {}_m$$

$$\le s|d(x_n,\,x_{n+1})| + s^2\,|d(x_{n+1},\,x_{n+2})| + s^2\,|d(x_{n+2},\,x_m)|$$

Continuando da mesma forma, obtemos

$$|d(x_n,\,x_m)| \le s|d(x_n,\,x_{n+1})| + s^2\,|d(x,\,x_{n+1n+2})| + s^3\,|d(x,\,x_{n+2n+3})| +............$$

$$.+ s^{m-n-1}\,|d(x_{m-2},\,x_{m-1})| + s^{m-n}\,|d(x\,x_{m-1,\,m})|$$

Utilizando (7.6), obtemos

$$|d(x_n, x_m)| \leq s\mu^n |d(x_0, x_1)| + s^2\mu^{n+1}|d(x, x_{01})| + \ldots\ldots + s^{m-n}\mu^{m-1}|d(x, x_{01})|$$

$$= \sum_{i=1}^{m-n} s^i \mu^{i+n-1} |d(x_0, x_1)| \, |d(x, x)|$$

Por conseguinte,

$$|d(x_n, x_m)| \leq \sum_{i=1}^{m-n} s^t \mu t \, |d(x_0, x_1)|$$

$$\leq \sum_{t=n}^{\infty} (s\mu)^t \, |d(x_0, x_1)|$$

$$= \frac{(s\mu)^n}{1-s\mu} |d(x_0, x_1)| \ \ldots (7.7)$$

Por conseguinte

$$|d(x_n, x_m)| \leq \frac{(s\mu)^n}{1-s\mu} |d(x_0, x_1)| \to 0 \ pois \ m, n \to \infty$$

Como resultado, em X, $\{x_n\}$ é uma sequência de Cauchy. Existe um ponto $u \in X$

definido pela completude de X, tal que $xn \to u$ como $n \to \infty$.

Em seguida, afirmamos que $Su = u$.

Supondo que não, então existe $z \in X$ tal que

$$|d(u, Su)| = |z| > 0. \qquad\qquad \ldots$$
(7.8)

Assim, utilizando a noção de uma b-métrica de valor complexo, temos

$$z = d(u, Su) \precsim s\, d(u, x_{2n+2}) + s\, d(x_{2n+2}, Su)$$

$$= sd(u, x_{2n+2}) + sd(Su, T x_{2n+1})$$

$$\lesssim sd(u, x_{2n+2}) + s\,\alpha\,(u)\,d\,(u, x_{2n+1}) + \frac{s\,\beta(u)\,d(x_{2n+1}, x_{2n+2})(d(u,su))}{1+d((u,x_{2n+1})} + s\gamma(u)[\,d(u, Su) +$$

$$d(x_{2n+1}, Tx_{2n+1})]+ + s\delta(u)[d(u, Tx_{2n+1}) + d(x_{2n+1}, Su)]$$

$$= sd(u, x_{2n+2}) + s\,\alpha\,(u)\,d\,(u, x_{2n+1}) + \frac{s\,\beta(u)\,d(x_{2n+1}, x_{2n+2})(d(u,su))}{1+d((u,x_{2n+1})} + s\gamma(u)[\,d(u, Su) + d$$

$$(x_{2n+1}, x_{2n+2})]+ + s\delta(u)[d(u, x_{2n+1}) + d(x_{2n+1}, Su)]$$

o que implica que

$$|d(u, Su)| = |z| \leq s\,|d(u, x_{2n+2})| + s\,\alpha\,(u)\,|d\,(u, x_{2n+1})| + \frac{s\,\beta(u)\,|d(x_{2n+1}, x_{2n+2})(d(u,su)|}{|1+d((u,x_{2n+1})|} +$$

$$s\gamma(u)\,|d(u, Su) + d\,(x_{2n+1}, Tx_{2n+1})|+ s\delta(u)\,|d(u, x_{2n+2}) + d(x_{2n+1}, Su)| \ ......(7.9)$$

Tomando o limite de (7.9) como n→∞ , obtemos que

$$|d(u, Su)| = |z| \leq s\gamma(u)\,|d(u, Su)| + s\delta(u)\,|d(u, Su)|$$

$$= s[\gamma(u) + \delta(u)]\,|d(u, Su)|$$

$$\leq s[\alpha\,(u) + \beta(u) + 2\,\gamma(u) + 2\delta(u)]\,|d(u, Su)|$$

$$< |d(u, Su)|$$

uma contradição e portanto $|d(u, Su)| = 0$; ou seja, u = Su. Da mesma forma, segue-se que

$u = T\,u$. Isto implica que u é um ponto fixo comum de S e T.

Provamos agora que este u é único.

$$d(u, u\star) = d(Su, Tu\star)$$

$$\lesssim \alpha\,(u)\,d\,(u, u\star) + \frac{\beta(u)\,d\,(u^*, T\,u^*)\,d(u,Su)}{1+d\,(u^*, T\,u^*)} + \gamma(u)\,[d(u, Su) + d\,(u^*, T\,u^*)\,]$$

$$+ \delta(u)\,[\,d\,(u, T\,u^*) + d\,(u^*, Su)\,]$$

$\precsim \alpha$ (u) d (u, u$\star$) + 2 δ(u) d (u, u$\star$)

Por conseguinte, temos

|d (u, u$\star$) | $\leq$ [α (u) + 2δ(u)] |d (u, u$\star$) |. ..... (7.10)

Como α (u) + 2δ(u) < 1, temos |d (u, u$\star$) | = 0.

Assim, u = u$\star$, o que prova a unicidade do ponto fixo comum em X. Isto conclui o

teorema.

Teorema 7.3.2. Seja (X, d) um espaço b-métrico completo de valor complexo com a

coeficiente s $\geq$ 1 e seja T: X $\rightarrow$ X uma transformação. Se existirem mapeamentos

α, β, γ, δ: X $\rightarrow$ [0, 1) tal que para todo x, y $\in$ X:

(i) $\alpha\,(Tx) \leq \alpha(x),\ \beta(Tx) \leq \beta(x), \gamma(Tx) \leq \gamma(x)\ and\ \delta(Tx) \leq \delta(x);$

(ii) $\alpha(x) + \beta(x) + 2\gamma(x) + 2s\delta(x) < 1;$

(iii) $d(T\,x, T\,y) \precsim \alpha\,(x)d(x,y) + \dfrac{\beta(x)[1 + d(x,T\,x)d(y,T\,y)]}{1 + d(x,y)}$

$$+\gamma(x)[d(x,T\,x) + d(y,T\,y)] +$$

$$\delta(x)[d(x,T\,y)\ d(y,T\,x)]. \qquad\qquad ......(7.11)$$

Então T tem um ponto fixo único.

Prova: Seja $x_0 \in X$ e a sequência $\{x_n\}$ seja definida por

$$x_{n+1} = Tx_n,\ \text{em que}\ n = 0,1,2 ...... (7.12)$$

Mostramos agora que $\{x_n\}$ é uma sequência de Cauchy. Da condição (7.11), temos

$$d\,(x_{n+1},\,x_{n+2}) = d\,(Tx_n,\,T\,x)_{n+1}$$

$$\lesssim \alpha\,d\,(x_n,\,x_{n+1}) + \frac{\beta(x_n)[1+d(x_n,\,Tx_n)]d((x_{n+1},\,Tx_{n+1})}{|1+d((x_n,\,x_{n+1})|}$$

$$+\gamma(x_n)\,[d\,(x_n,\,T\,x_n) + d\,(x_{n+1},\,T\,x_{n+1})] +\delta(x_n)\,[d\,(x_n,\,T\,x_{n+1}) + d\,(x_{n+1},\,T\,x_n)]$$

$$= \alpha\,(x_n)d\,(x_n,\,x_{n+1}) + \frac{\beta(x_n)[1+d(x_n,\,x_{n+1})]d((x_{n+1},\,x_{n+2})}{|1+d((x_n,\,x_{n+1})|}$$

$$+\gamma(x_n)\,[d\,(x_n,\,x_{n+1}) + d\,(x_{n+1},\,x_{n+2})] +\delta(x_n)\,[d\,(x_n,\,x_{n+2}) + d\,(x,\,x_{n+1n+1})]$$

o que implica que

$$|d\,(x_{n+1},\,x_{n+2})\,| \le \alpha\,(x_0)\,|d\,(x_n,\,x_{n+1})\,| + \beta(x_0)\,|d\,(x_{n+1},\,x_{n+2})\,|+$$

$$\gamma(x_0)\,|d\,(x_n,\,x_{n+1}) + d\,(x_{n+1},\,x_{n+2})\,| +s\delta(x_0)\,|d\,(x_n,\,x_{n+1}) + d\,(x,\,x_{n+1n+2})\,|$$

o que significa que

$$|d\,(x_{n+1},\,x_{n+2})\,| \;\le\; \frac{\alpha(x_0)+\gamma(x_0)+s\delta(x_0)}{1-\beta(x_0)-\gamma(x_0)-s\delta(x_0)} \quad |d(x_n,\,x_{n+1})|\; \dots \dots\,(7.13)$$

Do mesmo modo, pode obter-se

$$|d\,(x_{n+2},\,x)\,|d\,(x,\,x)|d\;_{n+3}\le \frac{\alpha(x_0)+\gamma(x_0)+s\delta(x_0)}{1-\beta(x_0)-\gamma(x_0)-s\delta(x_0)}\quad |d\,(x_{n+1},\,x_{n+2})|.$$

$$\dots\dots\,(7.14)$$

Seja $\mu = \dfrac{\alpha(x_0)+\gamma(x_0)+s\delta(x_0)}{1-\beta(x_0)-\gamma(x_0)-s\delta(x_0)} < 1,$

Uma vez que $\alpha(x_0) + \beta(x_0) + 2\gamma(x_0) + 2s\delta(x_0) < 1$, temos

$$|d(x_n, x_{n+1})| \leq \mu^n |d(x_0, x_1)|. \qquad\qquad \text{...... (7.15)}$$

Pela mesma linha de ação do Teorema 7.3.1 anterior, temos que $\{x_n\}$ é uma sequência de Cauchy em X. Como X é completo, existe algum $u \in X$ tal que $x_n \to u$ à medida que $n \to \infty$. De seguida, mostramos que u é um ponto fixo de T.

De (3.11), temos $d(u, T u) \precsim sd(u, T x_n) + sd(T x_n, T u)$

$$\precsim sd(u, T x_n) + s\,\alpha(x_n)\,d(x_n, u)$$

$$+\frac{s\,\beta(x_n)[1+d(x_n, Tx_n)]d((u,Tu)}{|1+d(x_n,\ u)|} + s\gamma(x_n)\,[d(x_n, T x_n) + d(u, T u)]$$

$$+ s\delta(x_n)\,[d(x_n, T u) + d(u, T x_n)].$$

Isto implica que

$$|d(u, T u)| \leq\ s|d(u, x_{n+1})| + s\,\alpha(x_0)\,|d(x_n, u)|$$

$$+\frac{s\,\beta(x_0)[1+d(x_n, x_{n+1})]|d((u,Tu)|}{|1+d(x_n,u)|}$$

$$+ s\gamma(x_0)\,|d(x_n, x_{n+1}) + d(u, Tu)|$$

$$+ s\delta(x_0)\,|d(x_n, Tu) + d(u, x_{n+1})|.$$

que, ao fazer $n \to \infty$, se reduz a

$$|d(u, T u)| \leq s\beta(x_0)\,|d(u, Tu)| + s\gamma(x_0)\,|d(u, Tu)| + s\delta(x_0)\,|d(u, Tu)|$$

$$= [s\beta(x_0) + s\gamma(x_0) + s\delta(x_0)]\,|d(u, Tu)|$$

$$\leq s\left[\alpha(x_0) + \beta(x_0) + 2\gamma(x_0) + 2\delta(x_0)\right]\,|d\,(u,\,T\,u)\,|, \quad \ldots\ldots (7.16)$$

uma contradição, e portanto $|d\,(u,\,T\,u)\,| = 0$; isto é, $u = T\,u$. Isto implica que u é um ponto fixo de T. A unicidade do ponto fixo é uma consequência fácil da condição (7.11). Isto completa a prova.

Corolário 7.3.3. Seja $(X,\,d)$ um espaço b-métrico completo de valor complexo com o coeficiente $s \geq 1$ e seja $T: X \to X$ *uma* transformação. Se existirem mapeamentos α, β, γ, $\delta: X \to [0,\,1)$ tais que para todo $x, y \in X$ e para algum n fixo:

(i) $\alpha(T^{nx}) \leq \alpha(x),\ \beta(T^{nx}) \leq \beta(x),\ \gamma(T^{nx}) \leq \gamma(x)\ e\ \delta(T^{nx}) \leq \delta(x);$

(ii) $\alpha(x) + \beta(x) + 2\gamma(x) + 2s\delta(x) < 1$

(iii) $d\,(T^{nx},\,T^{ny}) \precsim \alpha(x)\,d\,(x,\,y) + \dfrac{\beta(x)[1+d(x,T^n x)]\,d((y,T^n y)|}{|1+d(x,y)|}$

$$+\gamma(x)\,[d(x,\,T^{nx}) + d(y,\,T^{ny})] + \delta(x)[d(x,\,T^n\,y) + d(y,\,T^n\,x)]. \quad \ldots\ldots (7.17)$$

Então T tem um ponto fixo único.

Prova: Pelo Teorema 7.3.2, existe $v \in X$ *s*tal que $T^n v = v$. Então

$$d(Tv, v) = d(TT^n v, T^n v) = d(T^n Tv, T^n v)$$

$$\precsim \alpha\,(Tv)\,d(Tv, v) + \frac{\beta(Tv)[1+d(Tv,T^n Tv)]d(v,T^n v)}{1+d(Tv\,,v)}$$

$$+\gamma(T\,v)[d(T\,v,\,T^{\,n}T\,v) + d(v,\,T^{\,n}v)]$$

$$+\delta(T\,v)[d(T\,v,\,T^{\,n}v) + d(v,\,T^{\,n}T\,v)]$$

$$= \alpha\,(Tv)\,d(Tv, v) + \frac{\beta(Tv)[1+d(Tv,T^n Tv)]d(v,T^n v)}{1+d(Tv\,,v)}$$

$$+\gamma(T\,v)[d(T\,v,\,T^{\,n}T\,v) + d(v,\,v)]$$

$$+\delta(T\,v)[d(T\,v,\,v) + d(v,\,T^{\,n}T\,v)]$$

$$\precsim \ \alpha \, (T\,v)d(T\,v,v) + 2\delta(Tv)\, d(Tv,v)$$

$$= \ (\alpha + 2\delta)(T\,v)d(T\,v,v)$$

e assim $d(Tv,v) = 0$. So $Tv = v$. Por conseguinte, o ponto fixo de T é único.

7.4 Conclusão:

Em espaços b-métricos de valor complexo, provámos certas conclusões de pontos fixos comuns de duas transformações para funções de controlo envolvidas. Os teoremas de pontos fixos são úteis para estabelecer a existência e a unicidade de soluções para muitos modelos matemáticos, tais como equações integrais e parciais, desigualdades variacionais, etc. As desigualdades variacionais, a otimização e a teoria da aproximação são algumas das áreas em que podem ser utilizados. O Teorema da Contração diz respeito a certas transformações de um espaço métrico completo em si mesmo. Neste capítulo, em particular, estabelecemos os resultados sobre a definição de espaços b-métricos de valor complexo, relativamente a pontos fixos comuns de duas transformações, utilizando uma contração racional envolvendo funções de controlo. Por outras palavras, generalizámos os teoremas de pontos fixos comuns para um par de transformações com contracções racionais tendo funções de controlo como coeficientes em espaços b-métricos de valor complexo por (Ebrahim et al.,2016 e Dubey et al., 2015.

CAPÍTULO 8

CONCLUSÕES E OBJECTIVOS FUTUROS

8.1 Conclusões

O trabalho de investigação começou com o objetivo de estudar o teorema do ponto fixo em diferentes espaços. De seguida, generalizaram-se os resultados do ponto fixo em diferentes espaços. Seguem-se as observações finais:

- O teorema do ponto fixo em diferentes espaços é estudado nesta tese, com alguns exemplos. Os resultados obtidos corroboram os encontrados na literatura.

- As nossas conclusões são generalizações de resultados de pontos fixos publicados anteriormente no contexto de uma variedade de espaços. Assim, todos os resultados esperados ajudar-nos-ão a compreender melhor a solução de um teorema complicado.

8.2 Âmbito futuro do trabalho

- A nova noção de função de ponto fixo e os vários mapas de contração e expansão apresentados neste trabalho podem ser aplicados em numerosos espaços abstractos, tais como espaços métricos modulares, espaços métricos parciais de Hausdorff, etc., bem como para diferentes tipos de mapas de contração e expansão, tais como mapas fracamente comutantes, mapas compatíveis, etc., e, por conseguinte, podem ser generalizados de muitas maneiras. Além disso, estes novos conceitos podem proporcionar uma vasta gama de aplicações em numerosas áreas, como a Química, as Ciências da Saúde, a Economia, etc.

- Foi estabelecido um teorema de ponto fixo comum para as transformações que satisfazem a contração racional num espaço b-métrico de valor complexo, e são apresentados vários exemplos para realçar a utilidade e a aplicabilidade das nossas descobertas fundamentais. Podemos demonstrar a presença de uma solução comum para o sistema de equações integrais de Urysohn e a sua unicidade, bem como a existência de uma solução singular para o sistema de equações lineares .

REFERÊNCIAS

Abdou, A. A., & Khamsi, M. A. 2013. *Resultados de ponto fixo de contracções pontuais*

em *espaços métricos modulares*. Teoria do Ponto Fixo e Aplicações. (1): 1-11.

Abdou, A. A., & Khamsi, M. A. 2014. *Pontos fixos de contração multivalorada*

mapeamentos em espaços métricos modulares. Teoria do Ponto Fixo e Aplicações, (1):

1-10.

Azam.A., Fisher.B.e Khan.M. 2011.*Teoremas de ponto fixo comum em sistemas complexos*

espaços métricos valorizados, Numer.Funct. Anal. Optim. 32 (3): 243-253.

Bakhtin. I. A.1989. *O princípio da contração em espaços quasimétricos*, Funct. Anal. 30

: 26-37.

Banach. S. e Sur. Les .1922. Operations *Dans les Ensembles Abstraits et leur*

Aplicação aux Equações Integrais, Fund. Math. 3: 133-181.

Beiranvand A., Moradi.S., Omid.M. e Pazandeh .H., *Two fixed point theorem for*

mapeamento especial, arXiv:0903.1504v1[math.FA], url: https ://arxiv .org/pdf /0903.

1504.

Bhatt S., Chaukiyal S. e Dimiri R. C. 2011. *Um teorema de ponto fixo comum para*

mapas compatíveis num espaço métrico de valor complexo, International Journal of

Ciências Matemáticas e Aplicações 1(3) :1385 - 1389

Boxer L. 1999. *Uma construção clássica para o grupo fundamental digital. J.Math.*

Imaging Vis, 10, pp.: 51-62.

Boxer L. 2005. *Propriedades da Homotopia Digital* . 2005.J. Math. Imaging Vis., 22, pp.:

19-26.

Boyd D. W e Wong.J. S.1969. *On nonlinear contractions*, Proc. Amer. Math.

Soc.20: 458-464.

Brouwer. L.E.J.1912. *uber Abbildungen Von Mannigfaltigkeiton*", Math. Ann., 77

:97-115.

Chistyakov.V.V.2010. *Espaços métricos modulares I: conceitos básicos* . Nonlinear Anal.

72 :1-14.

Chistyakov.V.V.2010. *Espaços métricos modulares II: aplicação à sobreposição*

operadores. Nonlinear Anal., 72: 15-30.

Cho, Y. J., Saadati, R., & Wang, S. 2011. *Teoremas de ponto fixo comum em*

distância generalizada em espaços métricos de cones ordenados, Computers &

Matemática com Aplicações, 61(4), 1254-1260.

Đorđević, M., Đorić, D., Kadelburg, Z., Radenović, S., & Spasić, D. 2011. *Fixed*

resultados de pontos fixos com distância c em espaços métricos TVS-C um. Teoria do Ponto Fixo e

Aplicações. (1), 1-9.

Du.W.S. 2010. *Uma nota sobre a teoria do ponto fixo da métrica do cone e a sua equivalência.*

Anal. 72: 2259-2261.

Dubey A.K.2015. *Resultados de pontos fixos comuns para mapeamentos contractivos em ambientes complexos*

espaços *b-métricos valorizados*, Nonlinear Funct. Anal. Appl. 20 (2): 257-268.

Dubey A.K. 2016. *Espaços b-métricos de valor complexo e ponto fixo comum*

Teoremas sobre as contracções racionais, J. Artigo ID 9786063, (7).

Dubey A.K. e Tripathi.M.2015. *Teorema do ponto fixo comum em valores complexos b-Espaço Métrico para Contracções Racionais*, Journal of Informatics and Mathematical

Ciências,7(3): *149-161.*

Dubey A. K. e Mishra U. 2017. *Alguns resultados de ponto fixo para a distância c na métrica do cone*

espaços, Nonlinear Funct. Anal. & Appl. 22(2), 275 - 286.

Dubey A. K., Bibay S., Dubey R. P. e Pandey M. D., 2018. *Alguns teoremas de ponto fixo*

em espaços métricos complexos de valor C-completo, Comunicação em Matemática e

Applications 9(4), 581 - 591, DOI: 10.26713/cma. v9i4.1036.

Dubey A.K. 2020. *Novos resultados de ponto fixo para mapeamentos t-contrativos*

Com c-distância em espaços métricos cônicos, Facta universitatis (Niˇs) Ser. Math.

Inform. Vol. 35, no 2 (2020), 367-377, https://doi.org/10.22190/FUMI2002367D.

Edelstein. M.1962. *Sobre pontos fixos e periódicos em mapas de contração*, Jour.

Londan bbnnmmn Math. Soc.37: 74-79.

Ege. O. e Karaca I. 2015. *Teorema do ponto fixo de Banach para imagens digitais r*. J.

Nonlinear Sci. Appl. 8: 237-245.

Fadail. Z.M., Ahmad.A.G.B. e Paunovic. L. .2012. Novos *resultados de ponto fixo de um único*

mapeamento com valor para c-distância em espaços métricos cônicos. Abst. e Appl.

Anal Artigo ID 639713 doi:10.1155/2012/639713.:12.

Fadail .Z. M. e Abusalim .S. M..2017. *Contração de T-Reich e resultados de ponto fixo em*

espaços métricos cônicos com c-distância. Revista Internacional de Análise Matemática

11(8) :397 - 405, DOI: 10.12988/ijma.2017.7338.

Filipovic M., Paunovi L., Radenovi S e Rajovi M., 2011. *Observações sobre a métrica do cone*

espaços e teoremas de ponto fixo de T-Kannan e T-Chatterjea contractivos

mapeamentos, Math.Comput. 54,1467- 1472, DOI: 10.1016/j.mcm.2011.04.018

Han S. E, 2016. *Teorema do ponto fixo de Banach do ponto de vista da topologia digital*, J.

Nonlinear sci. Appl., 9, pp.: 895-905.

Haghi, R. H., Rezapour, S., & Shahzad, N. 2011. *Algumas generalizações de ponto fixo são*

e não generalizações reais. Análise não-linear: Teoria, Métodos &

Aplicações, 74(5), 1799-1803.

Himmelberg, C. J. 1972. *Pontos fixos de multifunções compactas*. Jornal de

Mathematical Analysis and Applications, 38(1), 205-207.

Hutchinson J. 1981.*Fractals and self-similarity*. Jornal da Universidade de Indiana

Matemática. 30:713- 747.

Huang, L. G. e Zhang, X.2007. *Espaço métrico cónico e teoremas de ponto fixo de*

contractive mappings, Jour. Math. Ana. Appl., 332(2) :1468-1476.

Jungck. G., Radenovic. S. e Rakoc´evi.V. 2009. *Teoremas de ponto fixo comum para*

pares fracamente compatíveis em espaços métricos cónicos. Teoria do Ponto Fixo e

Aplicações. Artigo ID 643840, DOI: 1155/2009/643840.

Jungck.G.1976.*Mapeamento comutador e pontos fixos*. Amer. Math. Monthly. 83:261-

263.

Jungck G., Radenovic S., Radojevi S. e V. Rako ' cevi ' .2009, *Common fixed point*

teoremas para pares fracamente ' compatíveis em espaços métricos cónicos, Ponto Fixo

Teoria e Aplicações, Artigo ID 643840, DOI: 1155/2009/643840.

Kada .O., Suzuki. T. e Takahashi. W. 1996. *Teoremas de minimização não convexa e Teoremas de ponto fixo em espaços métricos completos*, Mathematica Japo., 44 (2): 381-391.

Kir.M. and Kiziltunc.H. 2014 *TF Type contractive conditions for Kannan and Teoremas de ponto fixo de Chatterjea*.Adv. Teoria do Ponto Fixo, 4(1):140-148.

Kannan, R.1968. *Alguns resultados sobre pontos fixos*, Bull. Cal. Math. Soc. 60: 71-76.

Khamsi. M.A, Koziowski.W.K. e Reich.S. 1990. *Teoria do ponto fixo em espaços de funções*. Nonlinear Anal. 14: 935-953.

Khamsi.M. A. 1996. *Uma propriedade de convexidade em espaços de funções modulares*. Math. japan 44

, no-2: 269-279.

Kumar D. e Chandok S., 2017. *Existência de pontos fixos para pares de mapeamentos e aplicação às equações integrais de Urysohn*, arXiv:1709.02913v1[math.FA],

Lassonde, M. (1990). *Pontos fixos para multifunções factorizáveis de Kakutani. Jornal de Mathematical Analysis and Applications, 152*(1), 46-60.

Mandelbrot B. 1982. *A geometria fractal da natureza*. 2ª edição. WH. Freeman e Co. São Francisco.

Markin, J. T. 1973. *Dependência contínua de conjuntos de pontos fixos. Actas do American Mathematical Society, 38*(3), 545-547.

Moradi. S. e Beiranvand.A.2010. *Ponto fixo de um valor singular contrativo TF mapeamentos* Iranianos J. Math. Sci. and Inform., 5(2) :25-32.

Mukheimer, A. A.2014. *Alguns teoremas comuns de ponto fixo em b-métricas de valor complexo espaços*, The Scientific World Journal Artigo ID 587825, 6 páginas, doi:10.1155/2014/587825.

Mukheimer A.A. 2014.*Teoremas de ponto fixo comum para um par de mapeamentos em complexos*

espaços b-métricos valorizados, Adv. Teoria do Ponto Fixo, 4 (3): 344-354.

Nadler Jr, S. B. (1969). *Multi-valued contraction mappings. Pacific Journal of*

Matemática, 30(2), 475-488.

Rahimi H., Rhoades B. E., Radenovic S. e Rad.G. S. 2013. *Ponto fixo e periódico*

    teoremas para ' T-contrações em espaços métricos cónicos, Filomat 27(5) :881 -
888,

    DOI: 10.2298/FIL1305881R.

Rao.K.P.R., Swamy P.R. e Prasad J.R. 2013. *Um teorema de ponto fixo comum em*

espaços b-métricos de valor complexo, Bull. Math. Stat. Res. 1 (1) :1-8.

Rosenfeld A, 1986.*Funções contínuas em imagens digitais,.*Pattern Recognition

    Cartas 4: 177-184.

Schauder J., (1930), *Der Fixpunktsatz in Funktionalräumen, Studia* Math. 2 :171-180.

Sehgal, V.M., 1969, *A fixed point theorem for mappings with a contractive iterate.*

    Proc. Am. Math. Soc. ,23, 631-634.

Sridevi K., M. V. R. Kameshwari e D. M. K. Kiran, 2017. *Teorema do ponto* fixo *para*

    Mapeamentos Digitais de Tipo Contractivo no Espaço Métrico Digital, International
Journal

    de Tendências e Tecnologias da Matemática, Vol. 48, No. 3, pp. :159-167.

Sintunavarat W., Cho Y.J. e Kumam P. 2011.*Common fixed theorems for c-distance*

    em espaços métricos de cones ordenados, Comput. and Math. with Appl., 62(4) :
1969-1978.

Sintunavart. W., Cho.Y. J. e Kumam.P.2013. *Abordagem de equações integrais de Urysohn*

    por pontos fixos comuns em espaços *métricos de valor complexo*, Advances in
Difference

Equations, Artigo número 49, DOI: 10.1186/1687-1847-2013-49.

Sintunavarat W., Zada M. B. e Sarwar M., 2017.*Solução comum de Uryshon*

equação integral com a ajuda de resultados de ponto fixo comum em valores complexos

espaços métricos, Revista da Real Academia de Ciências Exactas, Físicas e

Naturales. Serie A. Matemáticas 111 (2017), 531 - 545, DOI: 10.1007/s13398-

016-0309.

Smithson R.E., (1971), Fixed *points for contractive multifunctions*, Proc. Amer.

Matemática. Sco. 27 192-194.

Tychonoff, A. 1935, *Ein Fixpunktsatz, Math. Ann.* 3, 1935, 767-776.

Wang.S. e Guo.B. 2011. *Distância em espaços métricos cónicos e ponto fixo comum*

Appl. Math. Lett., 24(10): 1735-1739.

Wardowski, D. (2009). *Pontos finais e pontos fixos de contracções com valor de conjunto* em cones

espaços métricos. Análise Não Linear: Teoria, Métodos e Aplicações, 71(1-2),

512-516.

PUBLICAÇÕES

Publicação na revista:

- Pal R., Dubey A.K., Mishra U., *New fixed point theorems for T f type contractive conditions,* Global Journal of Pure and Applied Mathematics, 11 (2017) pp 7955-7962. **(Scopus)**

- Pal R., Dubey AK, Mishra U., *Resultados comuns de ponto fixo sob C-Distância em TVS-Cone Metric Spaces,* Nonlinear Functional Analysis and Applications, vol 23, No. 3 (2018) pp 431-442, 2466-0973. **(Scopus)**

- Pal R., Dubey A. K., Pandey M. D., *Common Fixed Point Results in C- Complete Complex valued metric Spaces,* Communications in Mathematics and Applications, Vol. 11, No. 4, PP. 539-548, 2020, 0976-5905. **(ESCI/ UGC)**

- Pal R., Dubey A. K., *Some Fixed point results in cone metric spaces,* Journal of the Asiatic society of Mumbai, vol. 96, No.08 (II) 2022. **(UGC)**

- Pal R., Dubey A. K., Pandey M. D., *Teoremas de ponto fixo para T-contrações com C-distância em espaços métricos cônicos, Journal of Informatics and Mathematical Sciences,* Vol 11, Nos. 3-4, pp. 265-272, (2019), 0974-875X .

- Pal R., *A new fixed point theorem in modular metric spaces,* Research Journal of Mathematical and Statistical Sciences, vol. 8(2), 1-5 May (2020).

- Pal R., Dubey A. K., Fixed *Point Results For Rational Contractions Involving Control Functions In Complex valued B- Metric Spaces,* Asian Journal Of Mathematics and Applications, Volume 2020 Article ID ama 0549, 8 páginas.

- Pal R., *Application of Fixed Point Theorem For Digital Images,* International Journal of Advanced Research (IJAR), 2022.DOI: 10.21474/IJAR01/14152. **(UGC)**

Actas de conferências:

1. Pal R., *A brief survey of the development of Fixed Point Theory*, Proceedings Multicon-W 2019, Chapter 1, CHSTE ISBN: 978-1-7329562-3-0.

2. Pal R., *Basic concepts of Fixed Point Theorems*, Proceedings Multicon-W 2020, Capítulo 35, McGraw Hill Education private Limited ISBN (13): 978-93-90385-79-9, ISBN (10):93-90385.

Printed by Books on Demand GmbH, Norderstedt / Germany